JN063877

シビックテックをはじめよう

岩嵜博論 監修　安藤幸央 訳　シド・ハレル 著

米国の現場から学ぶ、
エンジニア／デザイナーが
行政組織と協働するための
実践ガイド

The Japanese edition was published in 2022 by BNN, Inc.
1-20-6, Ebisu-minami, Shibuya-ku,
Tokyo 150-0022 JAPAN
www.bnn.co.jp
2022 ©BNN, Inc.
All Rights Reserved.
Printed in Japan

この仕事に携わるすべての人たちのために

目次

008 　　　はじめに

015 　第1章　シビックテックとは？
018 　　　アメリカ合衆国政府：それはとても複雑
023 　　　テックがここですべきことは何か
024 　　　漠然とした問題領域への対応
026 　　　ステークホルダーおよび仲間としての公務員

029 　第2章　特権を考慮に入れる
031 　　　技術力と信頼性の特権
033 　　　テクノロジー救世主コンプレックスからの脱却
035 　　　シビックテックの仕事における代表性（リプレゼンテーション）と特権
037 　　　シビックテックをみんなのものに
039 　　　味方になる

041 　第3章　貢献の仕方
043 　　　一歩踏み出す：ボランティアでの協働（コラボレーション）
045 　　　GovTechビジネス：スタートアップおよびその他の企業
046 　　　すべてを注ぐ：イノベーションラボとデジタルサービスチーム
049 　　　人民のための、人民による：市民参画と相互扶助
051 　　　パートナーシップの構築と活動領域の社会的包摂

第4章　プロジェクトの種別　055

サービスデリバリープロジェクト　057

インフラおよびデータプロジェクト　058

デジタル政府のための専門ツール　061

救援のために飛び込む　063

第5章　イノベーションとその反動　067

イノベーションは、変化のための欠点のあるフレームワーク　069

官僚制度とスチュワードシップ　071

リスクと失敗に対する考え方　073

プロトタイプの役割　075

デジタルトランスフォーメーションと継続的な改善　076

第6章　規制のある領域で働く　081

予算、会計年度、調達　083

規則とツール　087

どれくらいの時間がかかるのか？　089

リレーに参加する　093

第7章　重要なスキル　095

シビックテックで成功するためにはどのようなスキルが必要なのか？　096

自分の限界を知る：能力レベル　098

フレームワークと柔軟性　101

シビックテックにおける、テクノロジーとは関係ない仕事　103

これからキャリアを積む人へ　104

109   第8章　プロジェクトチームと手法

111   政府チームと前提条件

113   オープンソースチームと前提条件

113   エンジニアリングーデザインープロダクトの三位一体

115   パートナーチームのレベルアップを図る

117   プロダクトマネジメントを浸透させる

119   第9章　政策とともに働く

121   政策は実際にどのように展開されるのか

124   政策の実施は技術者にとって最大の機会

126   技術的手法はどのように適用できるか？

128   技術政策

130   政策の例外と変更

133   第10章　長期的な変化を生み出す

135   オープンデータ

137   調達の改善

138   レガシーマイグレーション：時代遅れなシステムを移行する

140   指標と分析

142   ユーザー中心設計

144   機能の内製化

146   伝統的な事業を発展させる

149   第11章　働き方を調和させる

150   働き方の文化：技術系 vs 政府系

153   あなたが使う専門用語、私が使う専門用語

155   仕事におけるインクルージョンのテクニック

156   硬直性と階層性

第12章　私たちに必要な味方　159

幹部との戦略的提携　161

社会的つながりを多く持つ、中堅クラスパートナー　163

法務／コンプライアンス部門の仲間たち　165

政府外のパートナー　166

広報と報道　169

第13章　働くペース、リスク、自己管理　173

ペースと期間　175

自分自身のペース配分　177

物資の負担　178

財務リスクと財務計画　181

燃え尽き症候群の見分け方　182

〈カラース〉を育てよう　184

おわりに　188

参考資料　190

参考文献　194

謝辞　200

訳者あとがき　202

寄稿「日本におけるシビックテックの取り組みの歴史と展望」関 治之　204

寄稿「ITエンジニアのための草の根シビックテック入門」高橋征義　216

著者について　227

凡例
・ 原注は＊、訳注は†ないし本文中に〔 〕で括って示しています。
・ 本書で紹介されているURLをまとめたリンク集を以下に掲載しています。
　http://www.bnn.co.jp/books/11905/

はじめに

『シビックテックをはじめよう』へようこそ。 あなたが15年間シビックテック
の仕事に携わってきたにせよ、今まさに新しいキャリアへの挑戦を考えている
にせよ、テクノロジーが市民生活をどのように向上できるかを考えてくれてい
ることに感謝したいと思います。

技術者がどのように考え、どのように実践していくかは、技術（テック）が良い方向に
向かうか、悪い方向に向かうか、あるいはまったく無関係であるかに関わる重
要な要素です。この分野が成熟するにつれて、私たちの責任も大きくなってい
ます。ボランティアが運営する週末の「シビックハッカー」の活動として始まっ
たものが、今では「デジタルイノベーション」の拠点での常勤の仕事になってい
ることもあります。このような機会を実現するためには、より多くのシビック
テクノロジスト、特に黒人や褐色人種の技術者、そして現在はマイノリティと
呼ばれる背景を持つ人々が必要です。

私はボランティア活動で試行錯誤し、自分の役割を見つけようとあがいてい
た数年後、2012年にフルタイムの仕事としてシビックテックの世界に参入しま
した。私はUXリサーチャーですが、ハッカソンに参加し始めた頃は、デザイン
の業界の人が参加する余地があるのかどうかまったくわかりませんでした。確
かに、政府機関には認知しやすいデザインの役割はあまりありませんでした。し
かし、私は自分のUXデザインのスキルを公共の利益のために役立てたいと強く
思っていたので、週末のシビックテックイベントに顔を出し、手伝いを申し出
るようになりました。どのプロジェクトも魅力的で、驚いたことに、私がコー
ドを書けないからといってイベントに参加できずに帰らされることはありませ

んでした。

　Code for America（CfA）が設立されたとき、たまたまサンフランシスコの私のオフィスから2区画の近所にあったので、ジェニファー・パルカに連絡をとり、CfAの有識者メンバーに自分の研究を活かした指導ができないか尋ねました。私はこれまでこのようなやりがいのある仕事を経験したことがありませんでした。そして、私が働いていた小さなリサーチ会社が2012年にFacebookに売却されたとき、キャリアを転換する時期が来たのだと思いました。CfAに私を雇うよう説得するのに半年かかりましたが、それまでのあいだに、私はダナ・チズネルの「有権者の意思を確認するためのフィールドガイド（Field Guides to Ensuring Voter Intent）*1」のリサーチを手伝いました。この分野の誰よりも、私はダナの実践、特に彼女と彼女の同僚たちが選挙管理人との関係構築に費やした時間と労力に影響を受けています。

　この8年間、私は成功も失敗も、そして多くの困難も見てきました。私はこのシビックテックの分野で有名になりましたが、シビックテックに自分の居場所があるかどうかわからない人のために、私の迷ってきた道のりを皆さんと共有します。もし、あなたが誰かに教えられるほど優れた技術スキルを何かしら持っているなら、きっとあなたにもできる良い仕事があるはずです。

　苦労して身につけた技術スキルを使って、世界をより良くしたいと思っている人々と毎週のように話しています。世界を良くするという点に関し、テック系企業の可能性についてその人たちの多くは幻滅しています。また、シビックテックのキャリアを深く掘り下げた同僚たちとも話をします。成功に酔いしれ、失敗に打ちのめされ、新たなジレンマに直面しています。私たちのような仕事では、幻滅したり疲弊したりすることがあるのは当然です。なぜなら、米国のシビックテックにおける私たちのプロジェクトは、何百年も前から存在する基

＊1　このフィールドガイドは、投票用紙からサインまで、選挙のデザインに関するあらゆる側面を網羅した非常に短いガイドです。https://civicdesign.org/fieldguides/

礎的な制度を変えることを目的としているからです。制度改革は定義上政治的なものであり、私たちは、社会の構成員が有権者として政治力を発揮できるよう取り組んでいます。

社会の問題を解決する方法はテクノロジーなのでしょうか？　それは、2020年代以降の切実な課題です。私は、テクノロジーは市民生活をより良くできると信じています。しかし、テクノロジーはしばしば期待を裏切り、時には悲惨な実害をもたらすこともあります。

シビックテックは登場したばかりで、私たちが変えようとしている政府という組織は非常に大きく、多くの人々の生活に影響を与えているため、私たち一人ひとりが自分の価値観や前提をよく理解する必要があります。パートナーやステークホルダー（利害関係者）に自分たちのことを説明し、自分たちが本当に良いことをしているかどうかを定期的に確認する必要があるのです。私自身のシビックテックへの取り組み方は、いくつかの基本となる要素が重要であると考えています。

- 協働的な働き方
- 開発、デザイン、政策立案のいずれにおいても、実証された証拠（エビデンス・ベースト）に基づく反復的な実践
- ユーザー中心設計
- 安全（セキュア）で持続可能（サステナブル）なテクノロジーの採用
- 公的な透明性と説明責任
- 市民生活とシビックテックへの、少数派（マイノリティ）の人々からの全面的な参加

本書は、シビックテックの活動が10年目を迎えようとする時期に書かれたもので、これまでに出てきた制度的な実践について最も有用な原則と実践を集めることを目的としています。

シビックテックの分野は新しく、異なる文化の交差点で活動しているため、どの専門分野なのかにかかわらず、ほとんどのシビックテックプロジェクトでは比較的一人で自分の仕事を孤独に管理することになります。たとえ既存のチームに参加したとしても、新しい取り組みが始まるたびに、どのようにパートナーと組むのがベストか、どのようにプロジェクトを構築すれば最大のインパクトを与えられるか、といった疑問がわいてくるはずです。本書の多くの章は、このような疑問について考える手助けになることを目的としています。

　あなたにはすでに、改善したいことや、奉仕したい具体的な人々がいると思いますが、そのうちどれを選択するかは、本書の範囲を超えた個人的な問題です。目標を達成するためには、次のようなことを考えなければならないでしょう。

- エコシステムに影響を与えるにはどの部分で活動する必要があるか（第1章）
- どのようなパートナーシップのかたちがシビックテックの立場に最も適しているか（第3章）
- どのようなプロジェクトが最も大きなインパクトを与えるか（第4章）
- 自分の専門スキルをどう活かすか、加えて必要となるスキルは何か（第7章）
- 活動を持続させる方法は何か（第10章）

　そして、シビックテックで成功し、持続的に活動するためには、さらに多くのことが必要です。どのように活動するかは、どれだけ良いことをするか、どれだけ長くその良いことを続けることができるかに関わります。そこで、他の章では次のような事柄について紹介しています。

- 技術者の特権、また私たちの多くが持つ人種的ないしその他の特権について考慮する（第2章）
- イノベーションという概念と、シビックテック分野にとってのその意義を考える（第5章）
- 大きな制約のある環境で仕事をする際に、何を予期しておくべきかを学ぶ

（第6章）
- 公共部門の仕事のためのチーム構造と手法について考える（第8章）
- シビックテクノロジスト（市民技術者）が公共政策について知っておくべきことを理解する（第9章）
- 技術者と政府機関の仕事文化の橋渡しをする方法を学ぶ（第11章）
- あらゆる立場・階層での味方を見つけ、彼らとのパートナーシップを構築する（第12章）
- セルフケアをする（第13章）

　シビックテックは、その目標が「変化」であるため、現代のテクノロジーの可能性を明らかにすることと実際に運用することのあいだで、興味深い枝分かれを体現しています。私はこれを、「可能なことを示す（showing what's possible）」と「必要なことを行う（doing what's necessary）」と呼んでいます。多くのプロジェクトにこの2つが混在していますが、それぞれ異なる考え方（マインドセット）が必要です。「可能なことを示す」は、開発スピード、プロトタイピング、デザイン、一般市民からのフィードバック、そしてデータについてです。これらの目的にはウェブツールが最適なので、ウェブを活用したプロジェクトになることが多いでしょう。一方、「必要なことを行う」は、バックエンドシステムの構築、セキュリティへの配慮、調達、雇用、チーム編成、さらには予算の優先順位の決定など、背景にある慣習やシステムを転換させていくことについてです。

　本書では意図的に、明示的な方法論よりも、原則、カテゴリー、問いに焦点を当てました。あなたのプロジェクトでスクラムを使うかどうかはあまり重要ではないと思いますが、反復開発の原則は不可欠であり、それをあなたとパートナーが共有するプラクティスの一部にするために最も適した方法を検討する必要があると考えています。どんな戦略的フレームワークが最適かはわかりませんが、キャリアスタッフやステークホルダーと強いパートナーシップを築かなければ、その努力は報われないということだけは確かです。

　民間テック産業は、規模を拡大すること、スケールさせることを重視します

が、公的機関はスケールについて産業界とは異なる考え方を持っています。公的機関は、人々の生活に多大な影響を与えるだけでなく、長い時間をかけて影響を与えます。多くの公的機関はこのことを十分認識しており、自分たちの役割は急速なイノベーションではなく、公共財産（および公的資金）の維持であると考えて活動しています。

　このように、規模の拡大と時間に関する異なる視点を持つ私たちシビックテクノロジストは、表面的なレベルのプロジェクトで堅固かつ信頼できるパートナーシップを築くことを通じて、デジタル公共インフラのより深いレベルに取り組むための道を切り開かなければなりません。開発者、デザイナー、データ分析者、プロダクトマネージャーのいずれであれ、より深いインフラ層における小さな変化に焦点を当てることで、最も効果的な仕事ができることがあります。本書の目的は、あなたが成功するための準備を整え、そのような深い階層での実践ができるように仕向けることにあります。

　アメリカの市民社会を構成する何千もの団体や文化にまたがって、わたしたち一人ひとりが直面するこの仕事をどこでどうやって行えばよいか、という問いへの答えを探す場所はどこにも見つかりません。だからこそ、私たちがシビックテック分野として10年目を迎えようとしている今、この書籍が来るべき議論を支える礎となることを願っています。

What Is
Civic Tech?

シビックテックとは？

私は、「政府とは私たちが共に行うものである」という定義に賛同しています。
シビックテックに携わるということは、市民生活の向上という共通の目標に向かって、何千もの数が存在する市民団体のいずれかと提携することを意味しています。アメリカ合衆国連邦政府、50の州政府、約3,000の市や町規模の行政、そして2万以上の市や町の自治体を合わせると、米国の市民圏には25,000ほどの団体が存在することになります。25,000という数には、先住民部族の自治体や、地域に属さない団体、市や町の境界線では分けられない団体は含まれません。さらに一般市民にサービスを提供している地域団体を対象にすると、もっと多くの何万ものパートナーが存在することになります。

　シビックテックとは、行政の応答性、効率性、現代性、公正性を高めることを目的として、民間企業のハイテク分野における強み（その人材、手法、技術）を公共団体に導入する緩やかなつながりを持った活動です。また、デジタル技術を利用して、共に働く市民[*1]同士や、市民と政府との交流を改めて考え直すことも目的としています。

　簡単に言うと、シビックテックに携わる私たちは、AppleやGoogleのような営利企業が作るものと同じくらい公共のデジタルサービスが優れていることを

---

*1　本書では、「市民（citizen）」という用語を慎重に使っています。それは、その人の正式な国籍がある行政区分との関係に深く影響するものと、それほど影響しないものがあるためです。本書の他で使用している「住民（resident）」や「有権者（constituent）」という用語には、権限を持ち関与するという意味合いは含まれていません。

望んでおり、公共のデジタルインフラ*2も同様に優れていることを望んでいます。私たちは、最高のデジタルテクノロジーが提供する簡便さと敬意を持って行政サービスを利用し、権利を行使し、コミュニティを築きたいと考えています。

　とは言いつつも、それらは無理難題です。

　このような高い目標を達成するために、私はシビックテックを50年がかりのプロジェクトと考え、時間軸の始まりを2008年頃に設定しました。2008年の夏、ワシントンDC市が開催した「Apps for Democracy」ハッカソンが、都市に焦点を当てた主にボランティア主導のオープンデータ運動のきっかけとなったのです。2012年にCode for Americaブリゲード†1が発足するまでに、この運動は20以上の都市で活発になり、目立たない動きではありますが連邦政府内にも浸透し始めていました。

　これらの初期の取り組みでは、政府とはどのようなものあるべきかについての楽観的な見方、ただ意見するだけでなく行動しようという熱意、そしてそれまで公共部門で働くことを考えもしなかったような人々を惹きつけるきっかけがもたらされました。注目すべきは、これらの初期の組織はすべて、既存の社会システムのなかで大きな力を持つ人々によって設立され、率いられたということです。これらの取り組みは、いずれも当初は本当の意味での多様性に欠けており、このことに起因する問題が今日まで現場に残っています。

---

*2　イーサン・ザッカーマンは、コロンビア大学のKnight First Amendment Instituteのブログ記事でこの考えを解説しています。「デジタル公共インフラストラクチャの事例」Knight First Amendment Institute†2、2020年1月17日、https://knightcolumbia.org/content/the-case-for-digital-public-infrastructure

†1　ブリゲード(Brigade)とは、ITを活用したボランティア活動のこと。市民参加で運営されている消防団のイメージに近い。ブリゲードは町単位で集まり、市民コミュニティを作ることと、自分たちの住んでいる町をより良くするために地元自治体と協働しながら意見や知恵を出し、同時に手を動かしていくコミュニティ活動を行う。

†2　コロンビア大学のKnight First Amendment Instituteは、訴訟、研究、教育を通じて、言論と報道の自由を推進するために活動している研究所。

シビックテックは50年という時間軸のなかで、今まさに青年期を迎えている
ところです。つまり、その取り組みのなかで権力がどのように分配されている
かを見直すべき時が来たということです。シビックテックの発展には多くの個
人や組織が貢献してきましたが、その文化のほとんどは、米国代表チームが誕
生する前の2010年代初頭[*3]に活動していたいくつかの初期の拠点から生まれた
ものです。そこでは、今でもこれらのグループの多くの卒業生が確固たる信念
を持って参加しています。

　2020年のシビックテックは複雑で、まだまだ不完全な分野です。国、州、市
の複数のチーム、膨大な数のボランティアネットワーク、主要な非営利資金提
供者のインフラ、大小さまざまな企業、さらには数万人の個人からなるエコシ
ステムで構成されています。皆さんがオープンマインドと懐疑的な態度の両方
を持って取り組み、最初の一歩から自分がその分野の一部であり、より良い方
向に変える力を持っていると考えることを強くお勧めします。

アメリカ合衆国政府：それはとても複雑

　**シビックテクノロジストとして米国政府の構造についての基本的な理解を持
つことは、相互に複雑に関係するさまざまな部門や組織の中で、またそれらを
横断して、効果的に仕事をする方法を見つけ出すのに役立ちます。**米国の住民
は、連邦、州、郡、市という4つの主要なレベルの政府すべてと関わる必要が
あります。各レベルは、多かれ少なかれ、行政、立法、司法の三権分立構造に
なっており、選挙で選ばれた立法府（議会）、選挙で選ばれた指導者が率い、常
任のスタッフが運営する行政府、任命または選挙で選ばれた裁判官によって運
営されている裁判所の仕組みがあります。

[*3]　個人的な考えでは、文化的に最も影響力のあるシビックテック機関は、Code for America、Sunlight
Foundation、HealthCare.gov救援チーム（初期の米国デジタルサービス職員の多くを輩出しま
した）、Consumer Financial Protection Bureau（消費者金融保護局）の初期チームです。

ただし例外もあります。すべての州に地方自治体レベルの裁判所があるわけ
ではなく、あったとしてもすべての町にあるわけではありません。かなりの数
の大都市には、市と郡の統合政府（マイアミ・デイド郡やサンフランシスコ市郡など）
があります。これには、先住民部族が統治している地域や、地理的分類にうま
く当てはまらない運営組織（公園や資源地区などが）が除外されています。

部門	行政府	立法府	司法
連邦政府	**大統領** **内閣府と独立行政法人** ●連邦所得税の徴収 ●出入国管理およびパスポートの管理 ●主要な給付プログラムの資金調達、社会保障の管理 ●退役軍人サービスの監督 ●規制の策定 ●国立公園の管理	**上院** **下院** ●法律（州法に優先し、制約するもの）の制定 ●所得税および事業税の税率設定など、連邦予算の管理	**最高裁判所** ●他の連邦裁判所や州の最高裁判所からの上告を受理する **連邦地方裁判所および控訴裁判所** ●連邦犯罪、移民、破産を扱う
州政府	**知事** **州政府機関** ●有権者登録 ●運転免許及び車両免許 ●州所得税 ●企業登録 ●専門家免許発行 ●州立公園の管理 ●漁業・狩猟免許 ●ハイウェイパトロール	**一院制** **または二院制の州議会** ●法律の制定（連邦法に抵触する場合、最高裁で争われる可能性あり） ●州予算の管理 ●州の所得税や売上税の設定	**州最高裁判所** **州控訴裁判所** ●一部の州では、家族法に関する下級裁判所が別に設けられている
地方政府	**郡** **郡執行役** ●保安官 ●出生、死亡、婚姻記録 ●国家プログラムの管理 ●選挙管理（の大部分） ●運輸および道路 ●公園	**郡議会** **または監督委員会** ●郡の予算 ●土地使用、財産問題、アルコール販売などに関する地方法令（など）	**上級裁判所** **（厳密には州裁判所制度の一部）** ●ほとんどの重罪は上級裁判所で審理されます。 ●多くの家族法問題や小さな訴訟はここで扱われます。
市または町	**市長** **任命された市政担当者と権限を共有する場合もあり** ●地元警察 ●建築許可 ●駐車場と交通 ●公園 ●学校（通常、別途選出された教育委員会が） ●図書館	**市議会** ●市の予算 ●地方条例 ●固定資産税および消費税	**地方裁判所** **（ただしすべての地方裁判所というわけではありません）** ●軽犯罪および交通違反などの違反行為

各行政区分の各機関は、多少の重複や連携はあるものの、それぞれ異なる市民機能を担っています。この表（前ページ）は、各行政区分の機能のうち、市民が直接関わる機能のほんの一部をリストアップしたものです。

　資金や人材といったリソースの状況は、行政区分ごとに、または同じ行政区分内でも大きく異なります。米国では人口10万人を超える都市は約300しかありません。しかし人口40万人の都市が市民に提供しなければならない行政サービスの種類と、人口4万人の都市が少ない予算で行う行政サービスのあいだには、実は大きな違いはないのです。そして、人口4万人規模の都市を横断して全国的に連携することは、一見当然のことのように思えますが、簡単なことではありません。

　都市では、部門を超えて有権者と頻繁に連絡を取り合うことが期待されており、これは行政へのアクセスがはるかに容易になることを意味しています。予算は少なくなりますが、試験的な施策を行ったり、既存の制約の中で例外として認めてもらうことは容易であることが多いでしょう。一般市民からボランティアやプロボノ[†3]を受け入れても、少なくとも短期的には問題ないでしょう。一方、都市の規模が小さい場合は、ある程度の作業を経たあとで、主要な意思決定者を会議室に集めて協議する機会もあるということです。そのため、規模が小さい都市だとしてもより迅速かつ軽快に行動することが可能です。

　米国連邦政府は約300万人（軍人を含む）を雇用し、年間数兆ドルの予算規模を持つ他に類を見ない存在です。多くの政府職員は連邦政府を「政府（the government）」と呼んでおり、そのなかでキャリアのすべてを過ごし働くことも可能です。連邦政府は技術系の出版物、会議、学会など独自のエコシステムを持つほどの規模であり、民間企業とはほとんど関わることがありません。

[†3]　プロボノとは、専門家が職業上持っている知識やスキルを無償提供して社会貢献するボランティア活動のこと。

連邦政府は、非常に限定的な場合*4を除いて、ボランティアの労働力を受け入れることはできません。もしあなたが連邦政府が扱う範囲で技術的な問題に取り組みたいのであれば、基本的には連邦政府の職員として参加するか、あなたが望む変化を推進する支援団体に参加するか、何らかの委員会に任命されるかのいずれかを選択するしかありません。これらはすべて良い選択肢ですが、地方行政レベルのパートナーとの協力関係とは大きく異なります。

　州と郡は、連邦政府と都市との中間的な位置づけです。州や郡はさまざまな規模、歴史、政治文化を持ち、有権者の登録、公共事業の管理、免許発行（運転免許や車両許可、医師免許や弁護士資格も含む）などの重要な責任を担っています。もしあなたが陸運局を改善しに来たのなら、これらすべてを処理しなければならず、実際には非常に複雑で厄介な問題です。

　最近いくつの州が政府内の他部門にサービスを提供するデジタルチームを立ち上げてはいるものの、ほとんどの州と多くの郡は規模が非常に大きいため、そこではいちばん職位の高い政府高官との関係よりも、特定の機関との関係のほうがより大きな意味を持ちます。州や郡には予算があり、多くの場合、個人のコンサルタントや小規模な企業を雇う仕組みがあります（ただし、必要な書類手続きがたくさん発生します）。どの都市にも市役所があり（そしてほとんどの都市にはウェブサイトがあり）、有権者の訪問を期待していますが、州や郡には通常それほど直接的にオープンな場所はありません。その土地のことをよく知っている人、またはグループと一緒に仕事をするのはとても良い考えです。

---

*4　政府の多くのことがそうであるように、これには正当な理由があります。「不足金禁止条項†4」は、議会が議決する前に政府が税金を投入することを禁じており、また政府がいかなるかたちであれ無償労働を強要することを禁じているからです。

†4　不足金禁止条項とは、資金不足が解消されない場合に、法律によって継続的な活動を許可される場合を除き、政府機関は活動を停止しなければならないというもの。

シビックテックの国際的ルーツ

本書は特に米国のシビックテックについて書かれていますが、いくつか重要な国際的先行事例を紹介しておきたいと思います。 シビックテックは米国で始まったものではないことを忘れてはいけません。

英国の政府デジタルサービス(GDS：Government Digital Service)は、米国デジタルサービス(USDS：US Digital Service)に2年先行し、シビックテクノロジストが重視する原則の多くを確立しました。USDSのプレイブック(事例集)は、GDSの「デザイン原則」と「サービスマニュアル」の一部をあからさまに採用しています。

エストニアは、人口こそ少ないものの、2003年以来政府の大部分をデジタル化しており、2020年時点では行政サービスの99％がオンラインで利用可能になっています。

「米国ウェブデザインシステム(US Web Design System)」でさえ、自国における最初の国家政府のデザインシステムではありませんでした。カナダ連邦政府は2012年に「ウェブエクスペリエンス・ツールキット[5]」を立ち上げ、現在もGitHubで更新され続けています。

---

[5]　Web Experience Toolkit (WET)
　　https://wet-boew.github.io/wet-boew/index.html

テックがここですべきことは何か

　シビックテックの分野は、相互に結びついたグループやステークホルダーの幅広いネットワークで構成されています。シビックテックが台頭してきた3つの主な要因のうちの1つは、情報公開法（FOIA）の原則が、政府が作成したデータにも適用できるという洞察です。情報公開法は、連邦政府が作成した情報を特別な理由がないかぎり要求に応じて公開することを義務づける広範な決まりで、ほぼすべての州政府および地方自治体にも同様の法律があります。2007年にティム・オライリーとカール・マラムドは、同じ原理を政府のデータセットに対する要求にも適用させることを提案するグループを招集しました。政府のデータは一般市民のものであり、一般の人々が閲覧し利用できるようにすべきであるという原則は、「オープンデータ」という考えとして知られるようになりました。

　この考えは、1980年代から存在していた「オープンソースソフトウェア」になぞらえたものでもあります。オープンソースは複雑な動向をとっていますが、政府の技術者にとって重要なのは、多くの人々が共同で公共の場で作成したソフトウェアは、個人で開発したソフトウェアよりも堅牢であるという基本理念です。しかし、政府がソースコードをどのようにライセンスすべきか、そして一般市民が貢献できるかどうかは、GitHubのようなプラットフォームがより簡単な方法を提供するまで大きな話題にはなりませんでした。もしすべての政府刊行物がはじめからパブリックドメインとして一般公開されるものであるなら、政府が開発するすべてのソースコードもはじめからオープンソースであるべきで、一般市民のレビューとコントリビューション（貢献）を可能にすべきではないでしょうか。

　オープンデータの提唱者がこれらのアイデアを推進する一方で、民間企業は顧客サービスのメディアとしてウェブの優位性を確立していきました[*5]。これはシビックテックの3つ目の主要な実現要因であり、行政サービスは人々のた

めにあるという私たちの考えのなかでは非常に重要なものです。ウェブは利用者とシステムとの直接的な接点であるため、企業はニーズや要望に関する情報をより迅速に得ることができます。また、物理的な店舗での販売や決められた設備でしか使えない旧来のメインフレームで作られたシステムなどと比べると変更が比較的容易なため、より迅速な変更対応が可能になりました。その結果、データの更新や修正のサイクルが短縮され、素早く問題が解決されることで、より良いサービス、より大きな満足、そしてより高い利益がもたらされました。

　これは、表面的には素晴らしいことです。シビックテックのおかげでより多くの説明責任とより良いサービスが得られます。それなら皆さん、シビックテックの仲間になりますよね？　しかし、もちろんそれほど単純なことではありません。

漠然とした問題領域への対応

　この重層的な政府の仕組みにおける真の課題の1つは、自分の努力を最大限に活用できるような規模で改善を行う方法を見つけ出すことです。 地元で活動をスタートし、地元の企業と連携を進めても問題はありません（実際に何かを達成するには地元への貢献は実のところ素晴らしい方法であり、それが他の都市で再利用される可能性も生まれるかもしれません）。ですが一般の人々と行政機関との関係に変化をもたらすことを目標としているなら、活動の規模を念頭に置く必要があるでしょう。また、どれくらいの規模に影響を与えられるのかは、野心的なシビックテックにとって難しい課題です。把握できる影響には限度があり、直接確認したり計測したりするのは難しいものです。

---

*5　ポール・フォードは2011年にこの点をはっきりと指摘しています。「ウェブは顧客サービスのメディアである」Ftrain.com、2011年1月6日、https://www.ftrain.com/wwic

一例として、公的な食糧支援を見てみましょう。食糧支援を必要とする人々が、もっと簡単に食糧を手に入れることができれば素晴らしいことです。もしかしたら、テクノロジーが果たすべき役割があるかもしれません。テクノロジーがどのように役立つのか十分に根拠のある仮説を立て、プロトタイプを作りたいのであれば、まずは食糧支援をめぐる複雑なシステムを理解することが非常に役に立つでしょう。

- 補助的栄養支援プログラム（SNAP：いわゆるフードスタンプ[†6]）は、議会での承認後、農務省への予算で賄われます。その後、実施要件やデータ要件が厳しい補助金として各州に分配されます。
- 州政府は支援政策を決定し、状況に応じて支援プログラムが実施されます。多くの州では、受給資格を決定し、食品を購入するための電子給付カード（EBTカード[†7]）を渡します。支援の最前線で働くSNAP管理部門には、郡レベルの職員（多くの場合、公衆衛生局の職員）が配属されています。
- さらに、多くの人が非政府組織（NGO）の助けを借りて給付を受けることができます。
- これらのNGOは、寄付提供者や地方自治体から資金を受け取り、活動資金としている場合があります。

　このような複数の状況は必ずしも隠蔽されているわけではありませんが、技術者がスキルを活かした仕事をしたいと思った時に、最初に目に入る状況ではありません。自分が持っているツールで、必要な問題に取り組む最高の機会を提供してくれるのは、どのレベルの団体なのでしょうか？

　公共食糧支援プロジェクトでは、連邦レベルでは主にデータと報告業務を提供し、州と郡レベルでは複数レベルの設計（デザイン）と開発業務を提供できる可能性が高いと考えられます。開発の一部は一般向けの直接的なインターフェ

---

†6　フードスタンプは、低所得者向けに行われている食料費補助対策。

†7　EBT は Electronic Benefit Transfer、電子給付送金。

イスになると考えられ、他のベンダーが開発したレガシーシステムの移行やAPI提供の分野に注力する場合もあるでしょう[*6]。この分野のNGOは、各レベルの関連機関の方針について多くの情報を持っているはずです。これらの情報は、どのようなパートナーシップが有効か、また、すでに行われている仕事に何を加えることができるかを検討する際に役立ちます。

ステークホルダーおよび仲間としての公務員

長時間労働や副業による情熱が評価される民間の技術産業で働く人々は、「杓子定規」な政府職員に嫌悪感を抱くことがあります。けれどもそれは誤りです。8年間市民活動の領域で仕事をしてきて私が最もやりがいを感じたのは、公共サービスという仕事を選んだ人たちと出会い、テクノロジーを使って彼らが課題解決を進める手助けをすることだったと断言できます。しかし、もっと早くから理解しておけばよかったと思うこともあります。まず、人々が政府の一員となるさまざまな方法についてです。

連邦政府の専門用語（ジャーゴン）を使うと、「被選挙人 (electeds)」「被任命者 (appointeds)」そして「キャリアスタッフ (careers)」が存在します。「被選挙人」は有権者に対して直接責任があり、彼らがより良いテクノロジーの採用を選挙の公約に掲げることはあまりありません。しかし、多くの市長、少数の知事、またオバマ元大統領がそうであったように、知名度の高い人物がテクノロジーの推進者になる場合もあり、推進のための主要な窓口の役割を果たす可能性があります。

「被任命者」は、その名が示すとおり、選挙で選ばれたリーダーによって任命されますが、必ずしも選出されたリーダーの政権の一部とはかぎりません[*7]。任

---

*6　ほとんどの場合、既存のシステムはベンダーによって構築されたものが大半です。ニュースやRFP（Request for Proposal：提案依頼書）を検索すれば情報が得られるでしょう。

命された人々は多くの場合、省庁の指導的役割や行政府の重要な内部監査の役割を果たします。また、テクノロジー分野のリーダーもこのカテゴリーに含まれることが非常に多くなっています。もしあなたの市や州にCDO（最高デジタル責任者）、CDO（最高データ責任者）、CTO（最高技術責任者）がいるなら、あるいはあなたの州にテクノロジーやイノベーション担当の責任者がいるなら、それは選挙で選出されたのではなく、ほぼ確実に任命された役割です。

　任命された技術リーダーは、その分野の専門知識と、選挙で選ばれたリーダーの政策における優先事項との整合性の両方を考慮して選出されます。技術リーダーは、選挙で選ばれたリーダーと共に「政権」の仕事を担います。政府機関と連携する場合は、自分が取り組みたいテクノロジーとミッションの両方に関して、現政権の優先順位を把握しておく必要があります。政権が変わる可能性がある場合は、優先順位の変更がその政府機関との協力関係にどのような影響を及ぼすのかを検討しておきます。

　「キャリアスタッフ」は、すべての政府機関、立法府、裁判所の屋台骨であり、選挙で選ばれた政権間の移行をスムーズにし、長期的なイニシアチブ（構想）を軌道に乗せ、政府が国民に提供する直接的なサービスのほとんどすべてを提供しています。彼らは制度的なメモリ（記憶装置）です。彼らはおそらく数十年にわたり公共サービスを行うことを選択したのです。

　政府のキャリアスタッフには、プログラムスタッフとサポートスタッフの間に重要な区別があります。特に契約やITのポジションにおいて顕著です。政府機関では、テクノロジーは主要な機能ではなくサポート的な要素であると考えられていることがほとんどです。プログラムスタッフは、サービスを提供し、予算を使い、説明し、有権者とコミュニケーションをとりますが、ITスタッフは、

---

*7　裁判官と特定の上級委員会は例外で、誰かを任命することはできますが、その任期は任命した本人よりも長くなることが予想されます。ただし米国では多くの場合、裁判官は通常は無所属で、選挙で選ばれます。

テクノロジーを活用したプログラムの実行を任されます。役割や調達の微妙な違いについては後の章で詳しく説明しますが、ITサポートスタッフとプログラムスタッフの橋渡しをすることは、ほとんどすべてのシビックテクノロジストの仕事に必要であることを最初から理解しておくことが重要です。

キャリアスタッフはほとんどの場合、自分たちの役割をスチュワードシップ[†8] という観点から捉えます。長く勤めている人は、自分がやりたいことがなぜ前回、前々回と失敗したのかを教えてくれます。彼らは、あなたと同じようにシビックテック全般に貢献できる重要な味方であり、仲間です。

———

適切なパートナーがいれば、シビックテックの仕事は市民の不公平に対処し、多種多様な分野のサービスを改善しようとするグループを助けることができます。これまでとりあげてきたように、米国では行政サービスの世界は広大で、そこには数多くの課題があります。シビックテックの分野では、テクノロジーを利益のためだけでなく、善い行いのために利用する機会があるのです。

シビックテックの分野で仕事をする際には、さまざまな階層や部門、その内外にいる登場人物を取り巻くエコシステムを念頭に置く必要があります。自分が興味のある分野の状況を理解するために行動することも大切です。そして、あなたが世の中がこうあってほしいと思い描く結果を政策が後押ししてくれる場所や、主要な機関のステークホルダーとパートナーシップを築くことができる場所を探してください。スチュワードシップは常に、政府がどのように行動するかを決定する際の指針のひとつです。市民社会の現状に対処するための第一歩として、自分たちの活動にもスチュワードシップを取り入れてみてください。

---

†8　スチュワードシップ（stewardship）とは、他人から預かった資産を責任をもって管理・運用すること。受託責任。転じて、集めた税金を行政において正しく用いること。

第 2 章
特権を考慮に入れる

Reckoning with Privilege

特権を考慮に入れる

米国の政府が真に公平だったことは一度もありません。テクノロジーも同様です。 これら2つの領域の架け橋であるシビックテックも、多くの構造的な不公平を抱えています。ただし、シビックテックの分野はまだ発展途上であり、同じ排他的な習慣が新しい分野に定着する前に不公平さに真正面から取り組むことができるという特別な立場にあります。本書では、シビックテック分野における排除の歴史と、私たちがそれをどう改善していくかについて議論しなければなりません。

初期のボランティアによるシビックテック活動は、無償で仕事をする時間と手段を持つ人々の層を反映しています。そういった人たちは、特にエンジニアやオープンソースの貢献者に偏っていました。これらの人々は、米国社会全体と比較して、白人、男性、富裕層が多い傾向にあり、すべての人にテクノロジーを提供することを目指すシビックテックの分野にとって、これはひとつの問題です。

あらゆるシビックテック分野は、インクルーシブ（包摂的）であると同時に多様であるべきです。多様性とは、チームやプロセスの中にさまざまなタイプの人たちが存在することを意味します。インクルージョンとは、さらに一歩進んで、多様性を持っているだけではチームの中の恵まれない立場にいる人々が十分にサポートされるわけではないということを認識することです。インクルージョンが満たされたインクルーシブな環境とは、すべての人が参加できるようにするだけでなく、今まで考慮されていなかった人々との違いを積極的に尊重

し、そういった皆が参加するために必要なものをサポートする環境です。

　良いニュースとしては、シビックテックがインクルージョンを大切にする路線にシフトしていることがすでに確認され始めていることです。2020年現在、この分野の大きな強みは、主要なシビックテック組織におけるインクルーシブな採用活動もあり、さまざまなバックグラウンドを持つ人々が次々にシビックテックの活動に参加していることにあります。最近参加した人たちは、豊富な視点、スキル、経験を持っています。しかし、この勢いを維持し、学びと改善を続けるために、私たちにはもっとできることがあるはずです。

技術力と信頼性の特権

　テクノロジー企業の従業員の構成は、一般的な人口分布に比べて男性がはるかに多く、黒人や褐色人種ははるかに少ない傾向があります。 そして多くの場合、女性や有色人種はサポート役になっているか、そもそも技術職ではない場合が多いでしょう[*1]。多様性の欠如は、テクノロジー業界のような影響力の大きな業界にとって問題ですが、全国民にサービスを提供する必要のある政府機関の技術者の場合にはさらに大きな問題となります。

　シビックテックの現場で技術者が会話に加わるとき、専門家というだけで、ある程度自然と信頼性を享受しています。政府の偉い人は「新しい視点」に感銘を受ける傾向があり、その場にいるキャリア公務員からの発言を軽視しがちです。

---

*1　雇用機会均等委員会（EEOC）は、2014年にハイテク産業のの人口統計を発表しました。US Equal Employment Opportunity Commission「Diversity in High Tech」2014年、https://www.eeoc.gov/special-report/diversity-high-tech
それ以来、大手ハイテク企業は毎年社員の統計情報を報告するようになりました。Sara Harrison「Five Years of Tech Diversity Reports-and Little Progress」Wired、2019年10月1日、https://www.wired.com/story/five-years-tech-diversity-reports-little-progress/
それらの統計は、特定の人々が排除されてきた歯がゆい歴史を物語っています。

確かに、技術的な視点は政府（あるいはそれがどこであれ）において、仕組みそのものが泥沼の状態を解決するのに非常に有効です。しかし、シビックテクノロジストとしての私たちの仕事は、途中でつまずいた物語の主人公になることではなく、すでにその場所で仕事をしている人たちや、テクノロジーを活用して改善を図ろうとする人たちを理解し、サポートすることなのです。

　そして、技術者の多くが白人やアジア系の男性であるため（これらの人たちが人口の過半数を占めていないにもかかわらず）、人々は無意識のうちに技術者はそのような容姿をしていると思い込みます。そしてその思い込みに合致する人は、容姿そのものと周囲からの思い込みという二重の意味で自動的に信用を得ることになります。そのうえ、他の視点が強く聞き入れられることが少ないため、自然と得られる信頼性からくる安心感も含め、そういった人たちの視点が業界全体を形成しているのです。

　この自動的に享受される信頼は、「特権」の一種です。簡単に言うと、特権を持っている人とは、ある状況において、自分だけが持っていて他の人は持っていない、得難い優位性を持っているということです。この特権は厄介で、その特権を持っている人自身がそれに気づいていなくても、一緒に働く集団の力関係を歪ませてしまう可能性があります。

　恵まれた特権というものについて考えることは苦痛を伴う体験で、いやでも自分を見つめ直すことを迫られます。けれども特権について考えるのは必要なことです。また、言うまでもなく、混乱を招く可能性もあります。なぜならテクノロジーのすべてが悪というわけではないからです。米国では、テクノロジー業界は勤勉、創意工夫、賢さといったイメージで語られます。ハイテク産業で働く人々は、テクノロジーに精通し、それを用いて仕事をすることに自信を持つ傾向があります。「テクノロジーをうまく使える」イコール「賢い人である」と捉えられがちですが、テクノロジー製品を使うというのは学習によって上達できるスキルであり、一部の恵まれた特権を持つ人のほうがより学習に使える時間が長いという事実は見逃されがちです。

現代というこの特定の時期にテクノロジーに関する技術スキルや興味が一般的に評価されるようになったのは、歴史の偶然です。たまたま高い評価が得られているからといって、技術者が他の誰よりも賢くなったと思い込まないようにしましょう。自分の特権を意識しながら仕事をし、同じような技術スキルを持たない人たちから何が学べるのかを考えてみてください。もしあなたが役職レベルが上の人たちから多くの注目を浴びているのなら、その立場を利用して他の人々の意見も聞いてもらうことができます。また、他の仕事よりもテクノロジーが重要であるという態度ではなく、謙虚さと、技術スキルを持つことで得られる信頼性を共有しようとする姿勢を示すことで、自分のテクノロジーに関するスキルは人に教えられるものだと考えることもできます。

　この原理を理解することで、お互いを尊重し合いながら効果的なパートナーシップを築くことができます。さらに良いことに、そのようなチームから生まれるソフトウェアは、人々のニーズを満たす可能性がはるかに高くなります。

テクノロジー救世主コンプレックスからの脱却

　シビックテックでよく見られる特権にまつわる有害な状況は、多数派のグループの人々が善意を発揮できる領域を見つけ、そこへ熱狂的に飛び込み、自分が誰よりも最初にその領域に関与しているのだと思い込んでしまうことです。この思い込みが現実であることはまずありません。しかしこの新しいグループは、彼らが持つ特権により、すでにこの問題に取り組んでいる人々にはなかったあらゆる種類の機会を得ることができるかもしれません。多数派のグループによる介入は、多くの場合、その問題から最も直接的に影響を受ける人々を忘れ去る危険をはらんでいます。

　たとえば2014年、著名なベンチャーキャピタリストのショーン・パーカーは、「市民参画を簡単に効果的で楽しいものにすること」というそれほど新しくもな

い使命を掲げた市民参画アプリBrigadeをリリースしました。この領域にはすでに複数のアプリや企業が存在しており[*2]、黒人の創業者であるホレス・ウィリアムズは2015年にローンチしたEmpowrdというアプリを手掛けていました。さらに、Code for Americaは2012年に「Brigade」という同じ名のシビックテックボランティア団体を立ち上げていました。

　パーカーのアプリはシビックテックコミュニティを大変驚かせ、大手メディアからは多大な注目を浴びました。ところが結局のところ市民参加領域に大きな変化をもたらすことなく、買収の迷宮[*3]を抜け出ることなく消滅しました。しかしこのことが、同じ領域で活動している他のグループへの注目を逸らす結果となってしまいました。

　結局のところ、困難な社会問題に取り組んでいる人々は、少数派のコミュニティのメンバーであることが多いのです。その人たちの努力から酸素を奪うことは、多くの理由から、または公平性を維持する観点からも、正しいことではありません。自分が持っている特権のために他人の成果を消し去ることを避けるための最も簡単な方法のひとつは、今その領域で活動しているのが誰なのかを確認することです。あらゆる領域で、すでに誰かが活動しているからです。その人たちは典型的な技術者集団のように見えるかもしれませんし、そうでないかもしれません。けれどもその人たちが誰であれ、非常に貴重な知識を持っているはずです。

　もしあなたが自分の仕事の本質を、すでにその仕事をしている人たちに力を与え、そのインパクトを増幅させるために自身の技術力を使うことだと考えて

＊2　POPVOX、TurboVote、MindMixer、Textizenなど、2020年現在も続いているものを挙げるときりがありません。

＊3　TechCrunchは2019年にそれらのほとんどを取材しました。エンジニアチームは結局Pinterestに移りました。John Constine「ショーン・パーカーのGovtechアプリBrigadeがCountableに買収された原因」TechCrunch、2019年5月1日、https://techcrunch.com/2019/05/01/brigade-countable/

いるなら、失敗することはずっと少ないはずです。私たちのシビックテックコミュニティ全体が、少数派のコミュニティのメンバーや公務員が率いているプロジェクトを支援しなければなりません。

シビックテックの仕事における代表性（リプレゼンテーション）と特権

多様なコミュニティに貢献することを目的とした市民プロジェクトを成功させるには、多様性をもったチーム編成が不可欠です。 注意深く配慮しないと、人々はたいてい自分自身のためにサービスを設計してしまいます。そして、多数派のグループにいて、自分のグループが影響を及ぼしている領域で守られていることに慣れている人々は、自身が多数派であることや、そのことが生み出す大規模な害にさえ気づかないかもしれません。

あなたが受ける周囲からの評価に影響を与える特権の観点はたくさんあります。以下の多数派属性のうち、いくつ当てはまるか考えてみましょう。

● あなたはシスジェンダー[*4]の男性です。
● あなたは白人です。
● あなたは異性愛者です。
● あなたには身体的障害はありません。
● あなたは住んでいる地域の主要言語を話します。

あなた（あるいはあなたのチームメイト）は、これらのほとんどに該当しましたか？　多数派層の人だけで構成されたチームは、弱い立場のコミュニティに、サービスを提供して成功することが難しくなります。なぜならそのような人たち

---

*4 　性自認（自分の性をどのように認識するか）と生まれ持った性別が一致している人。

が作るであろう「標準」は、社会から疎外された人々の視点を持つことが難しいからです。メンバーの多様性が失われている場合、プロジェクトが成功しないリスクが高いことを意味し、多様な人々のことを考えることができないという無知のせいで、害を及ぼす可能性さえあるのです。

　ユーザーリサーチを行うチームは、関連する地域で使われているすべての言語集団について調査を行うことができなければ仕事は難しくなります。必要とする調査ができなければ、製品がユーザーのニーズに合っているかどうか推測することしかできません。また、白人が多数派のチームの場合、自分たちのプロダクトで強化しようとしている基本的なルールや慣習に対して、歴史的な人種差別やその他の差別が影響していることを認識できないかもしれません。そもそも、最新のデジタルデバイスでスムーズで直感的なインターフェイスが提供できたとしても、弱い立場のユーザーにとって、それが結局は不公平さをさらに助長する結果を招くかもしれません。

　政府、特に地方自治体は、テクノロジー産業よりも各地域の人々を採用することに長けています。公共サービス分野の人口統計によれば、政府職員は技術者における割合よりも女性や有色人種である確率がはるかに高いです[*5]。しかし、政府機関でも上級職になればなるほど白人が多くなり、単一言語話者に偏る傾向があります。たとえば私の出身州であるカリフォルニア州の地方自治体では、スペイン語と中国語のバイリンガルを大量に採用していますが、行政事務のほとんどは英語で行われています

　特権はまた、製品を作る側とそれを利用する側との力関係の中にも存在します。特にそれが顕著なのは、その製品が困難な状況下で使わなければならないようなものの場合です。

＊5　行政サービスは、ハイテク産業よりもはるかに多様な人々が雇われています。トッド・ガードナーによるレポート「1960〜2010年の大都市における地方公務員の人種的・民族的構成について」米国国勢調査局経済研究センター、2013年8月、https://www2.census.gov/ces/wp/2013/CES-WP-13-38.pdf

たとえば、パソコンを利用できる環境にいる人にしか使えないインターフェイスデザインは、その典型例です。2020年の時点で大多数のアメリカ人がインターネットにある程度アクセスできるようになっている一方、いまだ電話を主要な連絡方法として使用しており、パソコンを使えない人もいます[*6]。2020年の新型コロナウイルスによるパンデミックで米国の各学校が突然オンライン授業に移行した際、スマホでしかインターネットにアクセスできない生徒や、家庭に自分用のパソコンがなかった生徒の多くが、学校の授業から取り残されました。

　虐待やハラスメントの可能性を考慮しないのも、よくある例です。日常的にハラスメントを経験していない集団にいる人にとっては、これは極端な例のように思えるかもしれません。しかし、チームに女性、LGBTQ、有色人種が含まれ、自分たちの視点を共有する権限を与えられていると感じているのであれば、これらの考慮を優先事項にする可能性が高くなるでしょう。

　だからといって、シビックテックの世界で、特権階級に属する者は効果的な仕事をすることができないということではありません。ただ、そうするためには、定期的に自分の特権を見つめ直し、特権の少ない人たちと交流する必要があるということです。

シビックテックをみんなのものに

多くのサービスについて、政府とはすべての人々にサービスを提供する法的

＊6　Pew研究所によるインターネットとアメリカの生活を調査するプロジェクトによると、2019年現在、アメリカ人の37％が主にモバイルデバイスでインターネットにアクセスしています。モニカ・アンダーセンによるレポート「モバイルテクノロジーとホームブロードバンド 2019」Pew Research Center, Internet & Tech、2019年6月13日、https://www.pewresearch.org/internet/2019/06/13/mobile-technology-and-homebroadband-2019/

責任と道義的責任の両方を持つ独占的なサービス提供者であると考えることができます。 もし裁判所が来訪者に対してADA[†1]にもとづいた対応をしていなければ、移動に不自由のある人は電動車椅子を受け入れてくれる、通り沿いの競合である法律事務所に相談を持ちかけるしかありません。市町村のウェブサイトがカラーコントラスト比の低い文字色を使用していたり画像にキャプション（説明文）を付けていなかったりすると、視覚に障害のある人が情報にアクセスしたりオンラインサービスを利用したりすることが、それだけ難しくなります。

　このような配慮を「極端な事例〔エッジケース〕」として片付けてしまうのは、共感力だけでなく想像力が欠如していると言わざるをえません。テクノロジーは、移動、知覚、認知などのあらゆる面で課題を抱えている人々に有用な機能を提供します。シビックテック関係者にとっては、これをテクノロジーの活用について、勝手な思い込みを排除する機会と捉えることができます。色覚障害者でも判別できる文字色の濃さであるか、スクリーンリーダーソフトがコンテンツ管理システム（CMS）上の画像に付随するキャプションを読み上げられるかどうか、といった基本的な読解レベルを評価できるオンライン製品があるのです[*7]。何らかのソフトウェアを構築しているのであれば、これらのツールを利用しない手はありません。

　市民が置かれている状況におけるテクノロジーの最も興味深い側面のひとつは、構築するプロダクトがすべての人々に役立つものでなければならないという厳しい制約です。確かに、現在のプロトタイピング手法や高速にアプリケーション開発できるツールは、多言語・多能力社会のためのインターフェイス構築には不向きです。しかし、それはあくまでテクノロジーの問題であり、それを解決できる人がいるとすれば、それはおそらく私たちでしょう。

---

†1　ADA（Americans with Disabilities Act）とは、「障害にもとづく差別の明確かつ包括的な禁止について定める法律」。日本におけるバリアフリー法のようなもの。

＊7　accessibility.digital.govでは、最新の資料を提供しています。

米国ウェブデザインシステム*8には心強いテンプレートがあり、わずか数年で基本的なアクセシビリティの実験を反映させた複数のカラーパレット、フォントや文字の大きさに関する規定、複雑なウェブコンポーネント群を備えたパターンライブラリにまで発展しました。このテンプレートを活用するだけで、あなたは標準的に多言語に対応し、読解レベルのチェックを行い、アクセシビリティを組み込んだプロトタイプ一式を作成できるチームの一員になったようなものです。この成果は、国内のすべての市民プロジェクトが正しい方向へ向かうきっかけになるでしょう。

味方になる

あなたがかなりの特権を持っている場合、その特権を使って少数派の同僚やパートナーをサポートすることをお勧めします。 サポートするにはさまざまな方法があります。

- 少数派のグループにいる同僚が、自分のアイデアや仕事を評価されるよう十分に配慮しましょう。
- 自分が思いついたアイデアが、本当に自分が新しく考えたものどうかを確認しましょう。そうでない場合は、それを思いついた人の功績を主張しましょう。
- 少数派の人が、会議でメモを取るなどの単純作業を他の人よりも頻繁に行うことがないようにしましょう。
- 会議では自分が発言しすぎないようにし、見過ごされそうな人には丁寧にコメントを求めるよう意識的に配慮しましょう。

---

*8　https://designsystem.digital.gov/　2020年夏時点ではv2.7に〔2022年11月時点ではバージョン3.0に〕。

———

　自分自身の特権を意識することは、それがユーザー、チームメイト、ステークホルダーとの関係にどのような影響を与えるのかを理解するために重要なことです。あなたが実質的な特権を持つ人であれば、人々はあなたに対して何でも自由に話せないと遠慮を感じているかもしれません。これは、特権を持つ人の力が人を傷つけるために使われる可能性があり、また傷つけるために使われてきた過去の歴史があるからです。あなたがそのことを自覚し、まわりの人からの意見を受け入れ、自分の特権を良い方向に利用するつもりであることを明確に表明するのは、あなたの役目です。

　同じような特権を持たない人々の視点を取り入れ、考慮するように主張することで、仕事上のバランスをとるようにしてください。優れたソフトウェアを構築したいと考えている人たちを含め、社会的地位の低い人たちからの信頼を得るために何をすべきかをよく考えましょう。自分の特権に対処することなしに、真にインクルーシブなプロダクトやチームを作ることは不可能です。ここで述べていることは、シビックテックの目標でもあるべきです。

第3章
貢献の仕方

Ways to
Contribute

貢献の仕方

人々がシビックテックのプロジェクトに呼ばれ、高給な民間企業よりもシビックテックプロジェクトを選ぶ理由は、社会に良い影響を与える機会が得られるからです。私の経験では、やらなければならない仕事がたくさんあるので、何を選ぶのかが難しいことがあります。

何から始めるかは、あなたの価値観と能力次第です。自分が良いと信じている現状をさらに良くしたいのか、それともある組織や社会全体を根本的に変えようとしているのか。このような目的の違いによって、アプローチやパートナーシップのスタイル、そして具体的なミッションが異なります。自分の動機をより深く探ることは、誰と一緒に仕事をするかを決めるのに役立ちます。

自分の動機を大まかに考えてみると、次のような質問が具体的なミッション領域へとあなたを導くガイドになるでしょう。

- あなたは、社会の中で何が「良いこと」だと思いますか？
- 現在そのような「良いこと」を妨げているのは何ですか？
- あなたや他の人たちの市民活動の結果として、世の中にどのような変化を望んでいますか？

プロジェクトの目標、テーマとする領域、政府機関やNGOの種別など、さまざまな種類のプロジェクトがシビックテクノロジストの力を借りることができます。この章では、過去10年間に登場した持続的な活動のなかで、最も成功し

た標準的事例について説明します。これから私が示す各事例には商取引として
の側面がありますが、それらすべてが政治的なものであることを強調したいと
思います。ゲリラ的な活動ではなく、政治的である必要があります。

どのような手段を用いるにせよ、国民と政府との関係に変化をもたらそうと
することは政治的行為です。あなたが使う手法とあなたが結ぶパートナーシップ
は、既存の力関係（パワーダイナミクス）とその受益者を強化するものでもあり、変化させるものでも
あります。シビックテックに参加する動機のなかにパワーシフトがあるかどう
かにかかわらず、あなたの仕事の結果として常に起きる可能性のあるものです。

一歩踏み出す：ボランティアでの協働（コラボレーション）

**ボランティアとして市民団体に参加することは、シビックテックを始める最
良の方法でしょう。**市民団体は新規参加者を受け入れる準備ができており、通
常必要なのはミーティングへの登録だけです。その団体の定員、資金構成、活
動期間にもよりますが、団体にはあらゆる種類の新規参加者向けの受け入れ資
料、即戦力として参加できるプロジェクト、そしてメンターが用意されている
ことでしょう。しかし、もちろんプロボノのボランティアとしてこれらの仕事
は無報酬です（資金豊富な団体のいくつかの指導的役職の報酬を除いて）。

米国におけるシビックテック運動は、いくつかの小規模な仲間内によるグル
ープと、数千人のボランティアからなる自治体レベルで始まりました。2010年
初頭にはボランティア活動が活発化し、都市はいち早くコミュニティ・ハッカ
ソンやオープンデータ運動を取り入れました。そして多くの大都市や中規模の
都市で定期的に技術系ボランティアの会合が開かれるようになりました。たと
えばCode for Tulsaは2011年から毎週開催されており、2020年の新型コロナウ
イルスによる隔離期間中もリモートで実施されていました。こうしたグループ
の多くはCode for Americaのブリゲードプログラムを通じて設立され、独立し

た非営利団体となっています。

　これらの団体は、地方自治体機関と直接提携しています。多くの都市では、CDO（Chief Data Officer：最高データ責任者）がいれば定期的にミーティングに出席しているでしょう。この団体の支援を受けたい部署の職員は、自分たちの課題とデータをミーティングに持ち込むことになります。地域の関連団体も、自分たちの知識や課題への申し合わせを持ち寄ってくることが多いでしょう。団体メンバーは自己組織化しており、開発または設計といった課題の特定の側面に取り組むことを約束します。団体メンバーは地元の自治体機関に、課題解決につながりそうな仕事を提案することもできます。

　多くのボランティア団体は、特にデータのオープン化に積極的です。団体における各種プロジェクトの作業はデータに依存しており、オープンソースとオープンデータの両方の運動と文化的に連携していることが多いです[*1]。あらゆる種類のオープンデータに情熱を感じている人々に出会える可能性があり、特に都市や州にある膨大な量の興味深い地理情報（ジオデータ）への関心が高いでしょう。自治体レベルでの、より多くのデータ、より多くの透明性、より多くのパートナーシップのための支援は、米国におけるシビックテックの強さに大きく貢献しています。

　長期的には、こうした信頼できるボランティア団体が作ったプロトタイプが採用され、都市内部の技術スタックに持ち込まれることになります。サービスが行政の運営にとって重要になると、政府はサポートを確実に受けるために料金を支払いたいと考えます。そのため、市はソフトウェアを販売するために、団体にスタートアップ企業の設立を依頼することもあります。また、優れたボランティア団体は、仕事を継続・拡大するために市に直接雇用されており、献身

---

*1　シビックテックには、オープンソース運動と、それと密接に関連した政府の透明性を促進させる運動から生まれた強い連携が存在します。サンライト財団は、米国のシビックテック業界で最初に設立された団体の1つで、行政の透明性に常に焦点を当ててきました。

的なボランティア団体は、データを扱う職種や自治体内部にデジタル組織を設立することを市に納得させたことが何度かあります。

GovTech[†1]ビジネス：
スタートアップおよびその他の企業

政府を主要顧客とするさまざまな企業を取り巻くエコシステムが存在します。
これらの企業のなかには、政府の特定の利用目的（たとえば議会の録画とそのオンライン公開）に対応するためだけに設立された企業もあれば、政府の購買手続きや手順に最適化された商品やサービスを提供する企業もあります。

この分野のスタートアップのエコシステムの多くは、市や郡の行政に焦点を当てています。米国には約3,000の郡と約2万の市や町があり、これは相当大きな市場です。多くの市や郡には調達の権限があり、非公式な提案依頼（RFP：request for proposal）プロセスを通じて、比較的小規模な企業と比較的小規模な契約を結ぶことができます。これらのレベルで政府関連ビジネスを獲得するために、必ずしも専門の部門が必要というわけではありませんが、社内の誰かがその分野の専門家になる必要があります。そして、政府特有の購買のタイミングの遅さや予算執行の遅さに合わせた仕事ができるようになる必要があります。

連邦政府や州政府で活動する場合、地方自治体で活動する場合よりも、政府系ベンダーのコミュニティの中でより具体的な焦点を当て、自社のビジネスの位置づけを明確にする必要があります。中小企業庁の小規模企業向け8(a)[†2]に

---

†1　GovTech ＝ Government Tech。政府の業務をIT活用で効率化したり新しいサービスを展開するテクノロジー企業やそのテクノロジー全般のこと。

†2　8(a)とは、不利な条件下にある小規模事業者や新規事業者の競争力を向上させることを目的とした米国政府の施策のこと。

該当する企業、女性が運営する小規模企業（Women Owned Small Business：WOSB）、傷痍軍人や退役軍人が運営する小規模企業（Service-Disabled Veteran-Owned Small Business：SDVOSB）などとして認定されれば、連邦政府や州政府のビジネスを獲得するための多くの機会が得られます。

　政府やNGOに焦点を当てた企業を立ち上げたいのであれば、政府機関の予算執行サイクルに沿ってプロダクト開発プロセスを設計する必要があります。資金提供者を慎重に吟味し、飛行機が飛び立つ曲線と企業の成長曲線の違いを理解してもらう必要があるでしょう。そのような企業で働くには、政府のニーズを理解し、ミッションに共感することが必要ですが、採用プロセスは一般的な民間企業とほぼ同じです。

すべてを注ぐ：
イノベーションラボとデジタルサービスチーム

　この10年間で、米国連邦政府や多くの大都市の行政府は、行政官が指揮する内部デジタルグループを設立しました。少し遅れて州政府も同じことを行っています。これらのグループには、イノベーションラボとデジタルサービスチームの2つのタイプがあります。これらは同じ構想の第一段階と第二段階であることが多いので、この2つを一緒に説明する意味があります。

　イノベーションラボは、通常よりリスク許容度の高い政府内の特別な領域に、民間企業のアイデアや人材を導入するために設置されます[2]。シビックテックの「可能なことを示す（showing what's possible）」デモンストレーションとしての意味合いに近いもので、多くの場合、データの公開、プロトタイピング、一般市民やボランティアと協力して新しいアイデアをテストすることに焦点を当てています。規模は小さく、機敏であり、（活動が成功すれば）多くの場合その活動はデジタルサービスグループに引き継がれます。

デジタルサービスグループはイノベーションラボとは異なり、プロトタイプではなく製品品質のソフトウェアやサービスを設計し構築することを役割としています（「必要なことを行う（doing what's necessary）」側）。その仕事には、レガシーシステムを新しいテクノロジー環境に移行することや、新しい設計手法を導入することが含まれるでしょう。それらの仕事の多くは英国政府のデジタルサービス（GDS）を参考にしており、幹部の考える優先事項に対して大きな組織力をもって取り組むハイレベルなチームです。

　これらのグループには、「デジタルサービス」または「デジタルチーム」という呼び名がよく使われます。また、自分たちの仕事をGDSのように「デジタルサービスの構築（Building Digital Services）」と呼ぶことも多く、こういった用語は少し紛らわしいかもしれません。イノベーションラボやボランティアグループとは対照的に、デジタルサービスグループのメンバーは一般的には行政が選び、議会が事前に予算を確保したプロジェクトに取り組むことをメンバーに要求します。役割は幅広く、働く文化もオープンですが、あらかじめ決められたプロジェクトの仕事では、好きなことができる機会は少ないかもしれません。これらのチームのモデルはあくまで奉仕であり、チームメンバーは指示に従うことが求められます。

---

*2　イノベーションラボには多くの歴史があります。ボストンやフィラデルフィアの市長室所属のニューアーバンメカニックや、サンフランシスコの市長室所属のシビックイノベーションといった施策は、政府内部のシビックテクノロジーを先導してきました。連邦政府の人事管理局も2010年代には初期のイノベーションラボを持ち、当時米国のCTOだったトッド・パークはアドバイザーに「アントレプレナー・イン・レジデンス（客員起業家制度）」というアイデアを出させ、それが大統領イノベーションフェロープログラムの発足につながりました。これらが設立されたのと同時期に、米連邦政府一般調達局（GSA：General Service Administration）は市民サービス事務局とイノベーティブテクノロジー局を運営し始めました。

「18F」とは？

　米国で最も有名なデジタルチームのひとつである「18F」に加わることは、連邦政府のシビックテクノロジーに参加するための最も身近な方法のひとつです。18Fは米連邦政府一般調達局（GSA）内の組織です[*3]。その活動は、ホワイトハウスの指揮系統に属するUnited States Digital Service（USDS）と似ていますが、構造は異なっています。GSAの他のほとんどのオフィスと同様、18Fも独自の議会予算を設けずに運営しており、顧客から資金を得ています。

　これらの顧客のほとんどは連邦政府機関であり、いくつかの州政府機関もあります。また有料サービスとして運営されているため、18Fが優先するのはホワイトハウスよりも政府機関の顧客です（ただし、ホワイトハウスが顧客の場合もあります）。USDSや州レベルのデジタルサービスに参加すれば、行政の優先順位から何を担当するかは想像がつきます。けれども18Fは政府機関自身が選定したニーズに取り組み、デジタル業務を進めたいと考える政府機関と意識的に連携しています。

　リモートワークに関するGSAの先進的な組織規定のおかげで、18Fはどこからでも参加できる分散型組織です。18Fの採用プロセスは、イノベーションラボやデジタルサービスチームのプロセスと似ていますが、すべてがリモートで行われる可能性があります。

[*3]　「18F」という不思議な名前は、GSAの本館がある住所（ワシントンDCの18番通りとF通り）にちなんでいます。

人民のための、人民による：
市民参画と相互扶助

**シビックテックに参加するために、実際に政府と直接契約する必要はありま
せん。**コミュニティをまとめ、政府に説明責任を負わせることに焦点を当てた、
価値ある取り組みが数多く存在します。市民参画型プロジェクトは、有権者が
公開討論会[パブリック・ディベート]について理解し、意見を表明する手段を提供します。一方、相互扶
助型プロジェクトは、政府や組織の助けなしで個人が互いに助け合うことを支
援します。この2つの領域における多くのNGO（非政府組織）は、技術者の助けを
必要としています。

　このカテゴリーの先進的な事例の多くは非営利団体として法人化されており、
501（c）3慈善団体または501（c）4教育団体として運営されています。これによ
り、さまざまな財団からの資金援助（501（c）3の場合は個人からの寄付）を受けるこ
とができます。また会員からの寄付とボランティア労働のみで運営されている
団体もあります。

　興味深い事例の1つは、自然災害が起きた際に、コミュニティへのコミュニケ
ーション支援と資源の共有支援を行う非営利団体Recovers.orgです。2012年に
市民によるスタートアップとして設立され、その後、寄付を受け付ける正式な
501（c）3団体として法人化されました。[都市名].recovers.orgという名前の特
別なウェブサイトを立ち上げることができ、コミュニティグループと政府機関
の両方で利用されています。これはベンチャーキャピタルの資金が集まるよう
なものではありませんし、地域コミュニティが必要な時に簡単に構築できるも
のでもありません。連邦政府が州や市に提供する施策でもありません。まさに
相互扶助のモデルです。

　Streetmix.netは、住民が共同で計画を立てて街並みをデザインすることがで
きる市民参画型アプリで、最初の数年間はボランティアプロジェクトとして運

営されてきました。このアプリはCode for Americaのハッカソンから始まり、最終的にはクリエイターたちが財団からの資金を得てオープンソースプロジェクトとして維持し、無料で使えるようにしました。現在までに10万件以上の街並み計画の作成に利用されていますが、有給スタッフや直接の収益があったわけではありません。

このようなプロジェクトでは、直接的な収益が得られないため、長期にわたり財団の助成金と個人からの寄付を粘り強く獲得し、財政的に持続できるかどうかが最大の課題です。これらの運営資金獲得のスキルは、創業したてのテック企業以外にはあまり見られませんが、もしこれらの資金獲得のスキルを持っている場合は、そのスキルを活かすことを検討するだけの価値があります。

このようなプロジェクトに共通しているのは、市民にとって特定の利益を直接狙っていることであり、必ずしも固定化した官僚主義の慣習を再構築しようとするものではありません。したがって、それらは異なる受容の道筋（口コミ、あるいはコミュニティ内での直接マーケティング、広告）をとります。拡大を志向せず地域コミュニティに特化するものもあります。これは良い事例ですが、より広いシビックテックコミュニティが成功事例とそれを模倣することへの許可についての話を聞きたがるでしょう。

地域プロジェクトを始めようとする場合、地域社会とのつながりを持つことが必要です。もしあなたがすでにその地域社会の一員であれば、この作業は容易でしょう。しかしそうでない場合は、これを軽視してはいけません。この問題にすでに取り組んでいる人は他にいないのかを事前に下調べし、謙虚な姿勢で人々に接し、深く耳を傾けましょう。

また、あらゆるプロジェクトと同様に、これらの非常に価値のある取り組みには、プロトタイプの段階を過ぎた持続可能性のモデルが必要です。私はここで、あえてビジネスモデルとは言いません。シビックテック分野で成功しているプロジェクトは、すべてが伝統的なビジネスとして組織化されているわけで

はないからです。そのため、表面的にはより簡単そうに見えるかもしれませんが、それは見せかけです。適切に組織化された慈善目的の非営利団体や、強固で何年にもわたって継続しているオープンソースプロジェクトは、少なくとも運営上の観点から見ると、営利事業と同じくらいその運営は困難なものなのです。

パートナーシップの構築と活動領域の社会的包摂

前出のすべてのタイプのパートナーシップには、より多くの黒人および褐色人種の技術者、そしてさまざまな言語能力と障害を持つ人々が必要です。あなた自身の状況がどうであれ、特にあなたが多数派側の人であるなら、あなたは他の人を助けることができます。参加するチームを探すとき、または独自の取り組みを開始することに決めた場合は、グループのメンバー構成とそのグループが従う規範に配慮してください。グループの大部分があなたと同じような人々で構成されている場合は、意図せずとも排他的な環境を生み出しやすく、その状況はたやすく強化されてしまいます。また、他の人種の人々が多くいる環境に行くと、不適切な行動をとってしまうかもしれません。弱者のための環境に招待されたら、ゲストとして振る舞うだけでなく、良いゲストとして行動しましょう。尊敬の念を示し、あなたのスキルを提供しましょう。

あなたのグループやプロジェクトが、少数派の人々にとって安全で歓迎されるようにするために（特にあなた自身が多数派のグループの出身者である場合）、あなたがとるべき行動をいくつか挙げてみましょう[4]。

● 多様な創設者チームやリーダーを持つ。

---

[4]　この話題についてはさらに詳しい文献がたくさんあります。巻末の参考文献でいくつか紹介します。

- 重要な役割を担う多様性のあるパートナーを積極的に求めていることを公言する。
- オンラインおよびオフラインのミーティングスペースを誰でも利用できるようにする。
- ハラスメントや差別を許さないという行動規範（コード・オブ・コンダクト）を目立つように掲示する（特にハッカソン、オープンソースプロジェクト、ボランティア・ミートアップの場合）。
- 行動規範に、万が一問題が発生した場合にどのように対応するかが記載されていることを確認する。
- 会議やその他のイベントで企画書を募集する場合、選考にバイアスがかからないよう一次選考を匿名で行うことを検討する。

これらの方法はすべて、プロジェクトや企業活動の最初から対応するほうが簡単ですが、いつ対応するにしても遅すぎることはありません。インクルーシブであることで、チームは視点と能力の両方を得ることができます。これはあらゆるシビックテック活動の基本であるべきです。

————

政治的な要因によって、どのような変化をもたらすことができるかは変わってきます。そして、ここでとりあげたモデルはすべて、ある程度政治的なものです。たとえば、ほとんどの場合ボランティアとしてミッションクリティカルな基幹システムに取り組むことは非常に難しく、また政府職員として試行錯誤しながらプロトタイプを作ることも同様に難しいことです。優れたソフトウェア事例を無料のオープンソースとしてある都市から他の都市へと普及させようとする試みは、何度も失敗しています。これは一般的には企業のほうがうまくいっています。連邦政府のベンダーとして完全に認定されるのは難しいですが、政府の案件に参加せずに連邦政府の問題に取り組みたい場合は、たぶんそれが正しい方法です。自分の計画として組み込みましょう。

また、パートナー候補がどの程度あなたと一緒に仕事をする準備ができてい

るのかを考慮する必要があります。

- ●リーダーたちは最新のテクノロジーやイノベーションに興味を示しているか？
- ●テクノロジーやイノベーションに必要な予算や時間が確保されているか？
- ●パートナーとの会話の中で、目標や計画についてのフィードバックにどれだけ寛容か、またあなたに直接フィードバックする準備はできているか？
  （留意点：民間企業のやり方を当たり前と考えているパートナーは、自分のやり方に固執するパートナーと同様に、協力することが難しい場合があります）
- ●パートナーは、あなた（またはあなたの企業やグループなど、その形態は問わず）と協働するための雇用や契約についての権限を持っているか？

少なくともこれらのいくつかは、上述のどのモデルにおいても、成功するための前提条件となります。まさに期待どおりの方法をすでに実践しているパートナーとだけ仕事をすることはばかげています。しかし、推進したい変化とは対極にあると思われることの実践に特化しているパートナーとの契約は悲劇を招きます。自分が望む仕事をするために適切な状況を見つけたり作り出したりすることは必ずしも簡単ではありませんが、従事するためのテンプレートを持つことは助けになるはずです。

Project
Types

プロジェクトの種別

多くの政府機関や市民団体の技術的なニーズは比較的シンプルです。優れたウェブサイト、優れたデータベース、優れたAPI。それらをあらゆる場所で利用できれば、有権者と政府のよりレスポンシブな関係を実現するうえで大きな力となります。しかし「あらゆる場所」へのロードマップを考えるのは大変なことです。もちろんウェブサイトやAPIを「良い」ものにするものは、何を達成しようとしているのか、誰がユーザーなのかによって変わってきます。

あなたをワクワクさせる分野を見つけたら、具体的な関わり方について考えてみましょう。個人的にプロジェクトに参加する方法を考えるとき、次のような質問リストが参考になると思います。

- ユーザーが面倒に感じたり煩わしいと思うことを軽減するには、どこで何をすればよいか？
- メンテナンス担当者や世話役の負担を軽減し、能力を発揮させるには、どこで何をすればよいか？
- 改善を確実にし続けるためには、どこで活動すればよいか？
- 活動するための窓口とサポートはどこで得られるか？

プロジェクトを始めるにあたって、現在進行中のプロジェクトや過去の似たプロジェクトを確認し、課題を理解しておくと非常に有益です。同じような目標を目指したプロジェクトは、自分の取り組みを具体化するための教訓になります。また、政府のデジタルサービスチームに参加した場合、完全に自由にプ

ロジェクトを選択できるわけではありませんが、一般的な種別を識別できるように
しておくと、プロジェクトに配属されたときに役立ちます。以降の節では、
政府や市民団体が直面する一般的な課題に対処できるシビックテックプロジェ
クトのいくつかのカテゴリーについて概説します。

サービスデリバリープロジェクト

　**よく知られたシビックテックプロジェクトの多くは、「サービスデリバリー（サ
ービス提供）」の分野のものです。つまり、政府機関が提供することが義務づけら
れている（そして資金が用意されている）公共サービスの実施です。**この広い分野に
は、公的給付金の登録から地域ごとのレクリエーションプログラムまで、州や
連邦レベルでは投票登録、パスポートの取得、所得税の支払いまで、ありとあ
らゆることが少しずつ含まれています。基本的には、サービスデリバリープロ
ジェクトは民間企業で言うところの<ruby>顧　客　対　応<rt>カスタマー・インタラクション</rt></ruby>と同じようなことを行います。
レストランで食事を提供したり、航空チケットを販売したり、飛行機を運行す
るようなことです。

　サービスデリバリーは、テクノロジーによるソリューションとして魅力的な
分野です。民間企業では、さまざまなサービスをオンラインで提供することに
非常に長けています。一般の人々に直接、目に見えるかたちでインパクトを与
えるプロジェクトでもあります（しかし、不完全であったりうまくいかなかったりした
場合のインパクトも大きいです！）。

　サービスデリバリーに取り組むには、たいていの場合、政府機関や堅固なオ
ープンデータを推進している機関からの直接的なサポートが必要になります。政
府機関が提供する多数のデータセットやAPIが公開されているため、企業やボ
ランティアグループが公式サービスの代替フロントエンドを開発することがで
きます[*1]。

サービスデリバリーの改善目標は、多くの場合、特定の機関や地域で実施されるか、または独立した民間企業による製品戦略として実行されます。サービスデリバリープロジェクトへの関わりを検討する際には、根本的なニーズ、既存のシステム、そしてサービスを提供するためのビジネスプロセスを理解する必要があります。また、現時点において利益を得ている個人または組織のプレーヤーを探し出し、そういった人たちの好みにどう対応するかも検討します。既存の法律や規制の制限を知っておくことも、たいていの場合役立ちます。

民間企業と同じように、市民へのサービスデリバリーのためのインターフェイスは、採用されるかどうかで生死が決まります。成功するためには、既存のインターフェイスよりも優れていなければなりません。さらに、あらゆる人を置き去りにしてはいけないという責任があります。こういった考えは、どんなオンラインサービスにとっても価値ある基準ですが、市民の幅広さと実際のニーズの性質上、完全に条件を満たすのは容易ではありません。あなたのチームが、サービスを提供しようとする人々を代表できるような多様性を持っていればいるほど、成功するインターフェイスを開発するための準備が整うでしょう。

インフラおよびデータプロジェクト

民間企業から有料で提供されている優れたサービスの多くは、クラウドホスティング、ウェブコンテンツ管理システム、アクセス解析ツール、クレジットカード処理プラットフォームといったインフラストラクチャへの多額の投資によって支えられています（SquareやShopifyを利用して支払いを行っている中小企業を思

---

*1　オープンデータを見つける最も簡単な方法は、https://data.[都市名または州名].gov、または連邦政府の場合は単にdata.govを探すことです[†1]。

†1　たとえばカリフォルニア州であればhttps://data.ca.gov/、ワシントンDCであればhttps://opendata.dc.gov/など。日本からのアクセスを制限しているサイトもある。日本ではhttps://www.data.go.jp/ でオープンデータのカタログを検索できる。

い浮かべてみてください）。これらのインフラサービスのなかには、政府機関でも利用できるものもありますが、実際に利用するのはかなり難しいでしょう。政府や市民のインフラをアップグレードし、より軽快に、より低コストで利用できるようにすることも、価値あるプロジェクトのひとつです。

　シビックテックにおけるデジタルインフラのアップグレードにはいくつかの方法があります。クラス最高のインフラ製品を採用するための障壁を取り除くだけでも、非常に大きな価値があります（そして、エンジニアではないシビックテック実践者にとっても利用しやすくなります）。次のようにするのがよいでしょう。

- 政府調達の規則と民間企業での価格設定の仕組みや支払い方法を調査し、お互いに利用しやすくなるよう支援する。
- 政府関係者が民間企業のIT部門に対し、より適切なシステム要件を提示する方法を教える。
- 特別な調達や購買の権限を設定する*2。

　通常、インフラの深いところに取り組むには政府のプロジェクトに参加する必要がありますが、直接コードに触れる権限がない場合でも、技術評価を行うことで支援できる可能性があります。技術的な評価を行うことで、政府関係者がベンダーに予算支援や便宜供与（APIのアップグレードなど）を求めることができるかもしれません。「システムの更新と移行はいつ行うのが合理的か？」「クラウドベースのアーキテクチャに移行することで何が得られるか（失われるか）？」といった質問には、深い技術的理解と、技術者ではない経営者や契約担当者に利点と欠点を明確に説明できる能力の両方が必要です。

　シビックテクノロジストとしてできる最も強力なインフラ構築のひとつは、デ

---

*2　2015年、18FとFederal Acquisitions Service（連邦政府調達サービス）は、アジャイル開発を行うための購買契約「Agile Blanket Purchase Agreement」でこれを実現しました。連邦政府の承認を受けた企業一覧に登録されているベンダーは、プロトタイプを作成することでアジャイル開発能力を実証し、新しい政府向けサービスを提供することができました。

ータプロジェクトに取り組むことです。便利なサービスでデータに依存しない
ものはほとんどありませんし、各種データを機械的に読み取り可能なフォーマ
ットで利用できるようにすることは、あらゆる種類のサービスのさらなる構築
と施策の前提条件です*3。公共部門の多くの場所で、貴重なデータはバインダ
ーやファイルキャビネットに入った紙の書類上にあり、デジタル化されたシス
テムの多くは単にスキャンした索引のないPDFの置き場に過ぎません。これら
のファイルから情報を得るには、人間がわざわざ読み取る必要があります。

　機械読み取り可能なデータを管理するには、まったく異なる種類のインフラ
が必要です。このような課題に取り組むことは非常に意義のあることですが、公
共情報の管理を任されている公共部門のパートナーとの高いレベルでの信頼関
係が必要です。政府の外からそれを行う方法もありますが、このレベルで深く
関わり仕事をすることに本当に喜びを感じるのであれば、一緒に働きたい政府
機関に参加する方法を見つけることがおそらく最善の選択肢でしょう。

　データを安全に外部公開することは、シビックテック実践者が支援できるも
うひとつのステップです。政府機関が保管している記録文書がデータ化されコ
ンピュータで扱えるようになり、それにアクセスできれば、それらはアプリケ
ーション・ソフトウェアで利用可能になります。そのためには、データセット
を見直し、余計なデータを取り除き、書式を標準化し、ウェブに掲載し、デー
タを最新版に維持し続ける作業が必要です。

　地方レベルでは、このようなデータプロジェクトに対してボランティアや非
営利団体との連携がよりオープンに行われています。これは、都市を拠点とし
たオープンデータやシビックハック団体の最近の動向や、都市にはそのような
団体との共同作業を制約する規則が少ない（そして予算が少ない）ことが一因です。
ボランティアによるパートナーシップは、過去10年間データを安全に外部公開

することで大きな成功を収めており、シビックテック実践者は、オープンデータ支援者として、また全米各都市の市長やその他の政府機関のアドバイザーとして活躍しています。

　データ駆動型のプロジェクトは、市民参画や相互扶助の分野にも容易に拡大することができます。新型コロナウイルスの感染者数と検査数の集計データは、2020年春にThe Atlanticの記者2人と少数のボランティアが立ち上げたCOVID-tracking.comが主要な情報源となりました。これは、毎日各州の保健局から得られる新しい統計情報を照合し、グラフやダウンロード可能な生データをオンラインで公開する大規模な取り組みです。

　このようなオープンデータを活用したコミュニティプロジェクトでは、公共データを活用して、市民が選んだ代表者への投票方法や連絡方法に関する情報を提供したり[4]、駐車違反の罰金等で公共事業に借金をしている人とその返済のためにお金を寄付する人々をつなぐこともできます[5]。

デジタル政府のための専門ツール

　あなたの住んでいる都市のウェブサイトに行けば、駐車違反切符の罰金を支払うための目立つリンクがあるはずです[†2]。そのリンクをクリックすると、ほぼ間違いなく2社のうちいずれかの1社が作った罰金支払いポータルサイトに飛んでいきます。このポータルサイトはあまりうまく設計されておらず、堅牢でもない印象です。これは、政府が必要とするツールのほんの1つの例です。

---

[4]　POPVOXとGovTrack.usは、異なる目的を持った2つの事例です。

[5]　Human Utilityは、この種のプロジェクトの一例です。https://detroitwaterproject.org/

[†2]　駐車違反の罰金の支払いに関する情報は、日本では警視庁と東京都会計管理局が扱っており、銀行振込やコンビニエンスストアの窓口で支払うことができる。また駐車違反は正確には罰金（刑事処分）ではなく、反則金（行政処分）の扱いになるため、米国での事情とは少し異なる。

民間企業で一般的に使われているツールでも、行政用に配慮した設定を行うことで大きな価値を発揮するものもあります。私が自治体に特化したCMSサイトを構築することを目的としたチームの一員だったとき、事前調査の段階で、市や町のウェブサイトが民間のそれとはまったく異なる利用目的を持っていることを見つけました。自治体のウェブサイトは、オンラインメディアの集合体ではなく、商品販売のための誘導もありません。その代わり、200〜300種類の手続きにユーザーを誘導する必要があり、どのユーザーにとっても目的以外の手続きはほとんど関係のないものばかりです。

　コンテンツ管理システムから分析ツールに至るまで、民間企業のウェブ製品には、どのような種類のウェブサイトを構築するために使用されるかという前提が設けられており、特別な機能を実装するためには大幅なカスタマイズが必要です。現在、多くの大都市には強力なデジタルチームが存在し、必要なものをカスタムメイドしていますが、小規模な都市に対して適切な価格で適切な機能を備えた製品を提供できる人がいれば、まだまだ市場はあります。

　米国ウェブデザインシステム（USWDS）は、このニーズを満たすための取り組みの1つです。当初は米国デジタルサービス（US Digital Service）のモリー・ラスキンと18Fのマヤ・ベナーリによって2015年に試験的に開始されました。現在は米連邦政府一般調達局（GSA）のDigital.govの一部としてサポートされている、フル機能を備えたアクセシビリティチェック済みの無料のデザインシステムとなっています。多くの連邦および州の機関が、さまざまな方法で有権者にサービスを提供するためのアクセシブルなウェブサイトの基盤としてUSWDSを利用しています。

　しかし、ほとんどのツール開発プロジェクトは、政府の外部で販売製品としてスタートするため、会社を立ち上げるなら非常に興味深い領域です。大手企業（たとえばゼロックスは駐車違反切符の支払いを行う会社のひとつ）からスタートアップまで、営利企業を取り巻くエコシステム全体が、サービスを提供する政府機関にとってより使いやすいものになるよう取り組んでいます。

この領域に特化した企業は、たとえ製品が無料であっても、政府の購買と採用の手順を十分に理解する必要があります。この領域の専門企業は、自社製品が対象と考えている施策の担当者や、その施策のエンドユーザーに対して、多層的なユーザーリサーチを行うことが多いようです。特に、政府関係者が「ダイヤルトーン・サービス（電話による応答サービス）」と呼ぶ分野、つまり一般の人がいつでも利用できると期待しているサービス分野の施策では、カスタマーサポートの有無が重要な役割を果たすでしょう。

救援のために飛び込む

　シビックテックに関わる特別なカテゴリーのひとつに、救援プロジェクトがあります。 これは、政府機関が何らかのかたちで技術力を急速にスケールアップ（時には修復）するための突然の集中的な取り組みです。

　救援プロジェクトの典型的な事例は2013年に起きました。この年、HealthCare.govのウェブサイトを回復させるために、テック企業の数十名の従業員が首都ワシントンに緊急招集されました。サイトの立ち上げ時に大クラッシュを引き起こし、オバマ政権の最優先政策の1つを崩壊させる恐れがあったためです[*6]。そして、私がこの章を執筆中の2020年の春、技術者たちは新型コロナウイルスにおけるパンデミックと検疫の重大事に対処しました。また、緊急融資と失業対策のための受給資格申し込みサービスを構築し、政府の対策規模拡大を支援するために動員されています。政治運動と同様、こうした取り組みには限られた時間枠がありますが、プロジェクト進行中は時間やリソースのすべてを消費する可能性があります。

---

*6　ロビンソン・マイヤーは、この救援の経緯を説得力のある記事で紹介しています。「アメリカで最悪のウェブサイトを救った秘密のスタートアップ」Atlantic、2015年7月9日、https://www.theatlantic.com/technology/archive/2015/07/the-secret-startup-saved-healthcaregov-the-worst-website-in-america/397784/

もしあなたが混乱する組織に慣れていて、個人的な事情で突然の仕事に大きな時間を割くことができるのであれば、救援プロジェクトへの参加はとても大きな奉仕の機会になります[*7]。しかし私は、シビックテックへの最初の参入としてはお勧めしません。救援活動の大変さと重要性の両方で、政府内での物事の変化が急過ぎ、適切な学習曲線で少しずつシビックテックを学ぼうと考えている技術者にとってはあまり適していないのです。2013年の時点では、HealthCare.govを支援した人たちのほぼ全員が政府の技術に馴染みがありませんでした。しかし現在は、携わるなら、全員が証明済みのスキルを持ち、その後必要になる業務の内容を可能なかぎり知っておくべきである、という合意が形成されています。

[*7]　特筆すべきは、救援活動が（少なくとも最初のうちは）ボランティアベースで行われることが多いということです。

フォーム（書類への記入）：最小限の技術で最大の効果を

　市民と政府の相互作用で必要とされる主要な作業領域として、フォームについて話さないわけにはいかないでしょう。 政府機関、特に執行機関や裁判所との膨大な数のやり取りでは、フォームに記入する必要があります。これらのフォームのほとんどは、わかりにくく、読みにくく、回りくどいものです。

　確かにこれはソフトウェアイノベーションの最先端ではありませんが、紙の書式をより良くデザインしたり、利用しやすくしたり、スマートフォンに対応した優れた入力フォームを作成することで、人々と政府との直接的な体験を大きく向上させることができます。さまざまな都市[*8]や、SeamlessDocsやCityGrowsのような企業は、過去数年間、大規模な入力フォームとその処理の自動化を支援するために興味深い取り組みを数多く行ってきました。しかし問題は非常に広範であ

り、さまざまな解決策が必要になります。

　デザインや情報アーキテクチャの専門家であれば、簡単にこの改善活動に貢献することができるでしょう[*9]。特に、公務員がMicrosoft Wordや古いCMSのようなツールでより使いやすい入力フォームをデザインできるよう手伝うことができれば、比較的短期間でこの種の仕事を行うことができます（ただし、規制に対処したり政治的な承認を得たりするには時間がかかるでしょう）。この活動の最も良い点の1つは、ほとんどのフォームは紙であろうとウェブであろうと一般公開されることです。もしあなたが、関わる機関の入力フォームを良いデザインにするのを手伝えば、それは国中で真似てもらえることでしょう。

　ツールとインフラの分野にも、入力フォームの戦略があります。個別のフォームを再設計するのではなく、より良くデザインされたフォーム要素のライブラリを作成したり（あるいは既存のものを政府の利用事例に合わせて再利用したり）、ウェブフォームからの入力を直接データベースに保存し再利用できるようにするために必要なデータインフラに取り組む機会があるかもしれません（再入力を避けるためのデータ再利用は一般的です）。多くの状況で、貧弱なフォームデザインは効率的な情報管理と制度に対する国民の信頼を阻害しており、少しの改善であっても、特に公共で共有される場合、シビックテック分野全体に役立ちます。

[*8] ボストン市で入力フォーム改善の仕事をしたジョシュ・ジーの記録は一読の価値があります。「政府の登録フォームをオンライン化した2年間で学んだこと」Medium、2018年2月22日、https://medium.com/@jgee/what-i-learned-in-two-years-of-moving-government-forms-online-1edc4c2aa089

[*9] 消費者金融保護局（CFPB）の設立当初、このチームの大きな成果の1つは、住宅ローンに必要な入力フォームを読みやすく、借り手にとって重要な情報を強調するようにデザインし直したことでした。CFPB住宅ローン情報開示チーム「借りる前に知っておこう：新しい住宅ローンフォームに備えるための準備」CFPB、2013年11月22日、https://www.consumerfinance.gov/about-us/blog/know-before-you-owe-preparing-to-finalize-the-new-mortgage-disclosure-forms/

自分の能力を最大限に発揮できる場を見つけるために重要なのは、自分がど**のような仕事に挑戦しているのか、目標達成のためにどのようなパートナーシップと時間が必要なのか、成功するためにどのようなスキルが必要なのかを理解することです。** あなたが活躍したい場所や目標によっては、その実現には長い時間がかかるかもしれません。自分の働くペースを適切に配分し、どのようにして持続的に仕事を積み上げていくのかを考えることが重要です。

　　どこから手をつければよいかを決める際には、特に関心のある分野について、地元や専門家のコミュニティですでに進行している取り組みを調べてみましょう。多くの支援団体やNGOでは、ここまでに紹介したような分野に詳しい技術者の助けを借りることができますし、連携したい政府の組織とすでに強い関係を持っている可能性もあります。また、問題提起キャンペーンの支援も歓迎されるかもしれません。つまり、あなたのスキルセットがどのようなものであれ、市民社会におけるテクノロジーの利用を改善するためにできる重要な仕事があるのです。

第 5 章

イノベーションとその反動

Innovation
and
Its Discontents

イノベーションとその反動

　資金調達、初期段階の熱意の創出、有志とのつながりなどに際しては、イノベーションは良いことです。「ガバメントイノベーション」と「シビックイノベーション」は、時に「シビックテック」と同じ意味で使われることもあります。しかし、シビックテック分野が青年期に入った今、ベテランのシビックテクノロジストはこの「イノベーション」という言葉に我慢ならないのです。

　その最大の理由は、現在テクノロジー業界の最先端にあるテクノロジーと、政府にとって最も有用な手法や道具との間には大きなギャップがあり、それを乗り越えるのが難しいからです。

　政府にとって最適なテクノロジーのなかには、必ずしも革新的^{イノベーティブ}なものではないものもあります。たとえば古き良きデータベース技術は、たいていの場合ブロックチェーン技術よりもはるかに利用しやすいものです。あらゆる人にデジタルサービスを提供する手段として、モバイルウェブ（スマートフォンのウェブブラウザだけで利用できるサービス）はネイティブアプリ（アプリストアからダウンロードしインストールして利用するアプリ）を凌駕し続けています。クラウドホスティングやクラウドサービスは浸透しつつありますが、その利用には当然クラウド固有のセキュリティ上の懸念があります。AIと機械学習は、プライバシーや偏見に関する懸念から、政府が活用するテクノロジーの事例としては非常に論議を呼んでいます。

　この章では、イノベーションの概念を明らかにし、イノベーションが正しい

ことを行うために役立つ場合とそうでない場合について確認していきます。また、組織に変化をもたらす枠組みや、新しい方法が適切かどうかを評価する別の方法についても説明します。

イノベーションは、変化のための欠点のあるフレームワーク

　シビックテックの特徴として、**やや不公平にも、自分たちを特定の種類のテクノロジースタートアップの標準と比較したがる傾向があります。話題にのぼるスタートアップには十分な資金があり、多くの優秀な人材を確保し、最新のツールを好きなだけ使えます。** 民間の技術産業と比較すると、政府は資金不足で、素早さに欠け、リスクには慎重すぎる傾向があります。しかし、市民や政府のリーダーが民間企業の機敏さを目指そうとするとき、その差はイノベーションと新しいアイデアにあると考えがちです。

　政府の仕事は遅く、適応性が低い傾向があります（その原因となっている規制については次章で説明します）。イノベーションは、ユーザーリサーチやプロトタイピングのような、リスクを軽減する最新の手法による挑戦を可能にします。イノベーションはそのために必要な盾となることもあります。また、「イノベーション」と称された取り組みでは、通常のルールを緩和した特別な雇用手段を利用し、政府機関の中核スタッフに不足している専門的なスキルを持つ人材を招き入れることができる場合もあります。政府におけるイノベーションの最も有利な点は、そういった特別な扱いをすることで、政府機関が通常対応するよりも高いリスク条件をとることが許され、普段とは仕事の流れを別にできることです[*1]。

---

*1　イノベーションの流れのなかにあるプロジェクトは、高リスクであるかどうかはわかりません。しかし網羅的に要件を取りまとめ、ウォーターフォール開発を通じてリスクを一般的に管理している場合は、高リスクと見なされます。また、技術者がそのプロジェクトを本質的に高リスクと見なさないからといって、それがメンバーたちの地位に現実のリスクをもたらさないという意味ではありません。

また、イノベーションプロジェクトは、たとえば改革・改善プロジェクトよりも資金調達が容易であることも珍しくありません（違いは名前だけであったとしても）。イノベーションプロジェクトと銘打ったプロジェクトの歴史は比較的短いものです。ですから新しいプロジェクトのアイデアが良いものかどうかを評価するために、過去100年にわたるさまざまな成果をとりあげる必要はありません。テクノロジーに熱心な多くの管理者にとって、これは前進するための最も簡単な方法のように思えます。

　しかし、イノベーションを目標とすることには誤りがあります。新しさと目的適合性は密接には対応しておらず、使命感を持つ組織では後者のほうがはるかに重要です。技術的な意味での新しさを追い求めると、サービスを提供する必要のある多くの利用者の手の届かないところに政府や市民との接点が置かれてしまうかもしれません。何事にも真新しい発想が必要であるという思い込みは、多くの機会を無視することにつながります。さらに、組織同士のつながりや歴史に関する知識が乏しい場合（それは現在のシビックテック関係者に当てはまることですが）、あるアイデアが実際に新しいものなのか、過去にすでに検討し尽くされたアイデアなのかどうかわからずに、完全に誤解してしまう可能性もあるのです。

　また、イノベーションは政府の外からもたらされなければならないという考え（これは、外部の人間を招聘する特別チームを設置することからも理解できます）に賛同していると、結果的に損をすることになります。このような態度は、キャリアスタッフがすでに行っている革新的な仕事を見落とすことになってしまうからです。イノベーションというと、まったく新しい発想や革新的な飛躍が好まれるようですが、世の中を動かしているコンピュータの活用は、現在もいったいどれだけExcelで行われているかを考えてみてください[2]。あなたができる最善のことのひとつは、どんな分野でも、自分たちが持っているツールを駆使し

---

*2　マーチン・ファウラー「世界で最も一般的なプログラミング言語は？」martinfowler.com、2009年6月30日、https://martinfowler.com/bliki/IllustrativeProgramming.html

て革新的な問題回避策や工夫を生み出した人を見つけ、その人たちに力を与えることです。もしあなたが自分の仕事の説明として「イノベーション」という言葉を受け入れるのでしたら、その注目のスポットライトがそういった人たちにも当たるようにしなければなりません。

　シビックプログラムにとって最も重要な目標は、目新しいことではなく、より良いことです。成功するためには、より新しい手法やプラットフォームが実際にはどの部分をより良い結果に導くのか、つまり特定の状況における「より良い」を明確に、そして戦略的に理解することが必要です。とは言いつつも、過去と比較して見れば、2020年現在私たちが1990年から2010年に手法と実践を進歩させ、人々のために物事をより良くすることを助けているのでしたら、それは一種の賢明なイノベーションであると言えるでしょう。

官僚制度とスチュワードシップ

　政府の活動を国民に届けるという実際の仕事の大半を行う公務員は、長期的な制度として設計されています。その役割は、政権や党派の変化や流行に左右されることなく、継続性を提供することにあります。このことは、チェンジメーカーにとっては不満なことかもしれません。けれども、よく言われるように、それは政治の不具合ではなく特徴なのです。もし、あなたが支持する政権が好ましい政策を迅速に実施する際に摩擦が生じるのであれば、その逆に、反対する政権が嫌な政策を実施する際にも摩擦が生じるということです。

　官僚制度とは、施策、機関、事務を、積極的かつ説明責任をもって国民に提供し続けるために日々行われる膨大な知的作業のことで、その最良のかたちは「スチュワードシップ」という倫理観から生まれます。スチュワードシップは、技術系の民間企業があまり口にする言葉ではありません。しかし政府機関においては、スチュワードシップはその中心となる価値観です。政府のサービスが

すべての人に利用可能であるべきだと考える場合、その提供方法や手順において本当に公平なのかを確認する仕組みが非常に重要なのです。ウェブサイトやアプリケーションは、万人が利用できるようにしなければならないサービスのひとつであり、特に「Americans with Disabilities Act（障害を持つアメリカ人法：ADA）」[*3]やそれに関連する法律の要件を満たす必要があります。つまりそれらは公共施設なのです。

　公的であるということは重要なことであり、入力フォームを処理する人は、公的であるということの重要な部分を担っています。ただし、いつも完璧な方法で処理できているかというと、もちろん違います。公的資金や人的リソースを適切に管理することを目的とした工程が、設計や実装が不十分だったためにまったくの失敗に終わるケースはたくさんあります。けれどもこれらの両方を改善する価値はあります。ただし、スチュワードシップの観点から状況を理解しなければ、それらをうまく改善することはできません。

　もちろん、ルールの解釈を利用して、陣地やサイロを築く個人から、さまざまな種類の契約を牛耳って利益を得る企業まで、社会には少数の悪者が存在します。しかし、変化を避け慎重に検討し、早急に行動せず、公費で物事を壊さないということは、根本的には健全な習慣です。常に公共の利益を念頭に置くことと、素早く行動して問題解決を安全に行うことは、相反することのように聞こえますが、公共サービスを提供する環境において軸となる価値観を尊重する点では同じです。

　私たちがときどき忘れてしまうのは、民間企業の時間軸は見かけほど速くないということです。Amazonプライムは地球最大の書店が始まってから11年後の2005年にスタートしました。Googleは2004年にGmailが登場するまでは検索エンジンと広告ビジネスで主な収益を得ていました。今でこそAmazonプラ

---

*3　これらの要求事項の詳細はADAツールキットに明記されています。https://www.ada.gov/pcatoolkit/chap5toolkit.htm

イムとGmailは生活の一部になっていますが、そうなるまでには結構な時間がかかりました。さらに例を挙げると、古くは1970年代頃からペーパーレス・オフィスについて話題になっており、1980年代後半にパソコンの普及に続いてDTPソフトPageMakerとQuarkXPressが発売されて以来、すぐにペーパーレス時代が到来するだろうと真剣に考えられてきました。しかし、実際にやっとペーパーレス化が進んだのは2010年か2012年頃です。2020年の現在も完全なペーパーレスはまれで、紙の印刷物を目にすることがないのは先進的な技術系もしくはクリエイティブ系オフィスに限定されるのではないでしょうか。

また、こういった事例で注目されがちなスタートアップ企業のほとんどは、命に関わる分野で活動しているわけではありません。金融や医療などの規制の多い産業や、法務などの制度的な分野のテックチームを見れば、課題解決の進行速度や時間軸が政府におけるゆっくりとした時間軸に近いことがわかるでしょう。Googleでさえ、数週間をかけてOKR（Objective and Key Results）と呼ばれる非常に入念な計画プロセスを採用しています*4。Googleには物事を素早く行う技術的な能力がありますが、GoogleやFacebook、Appleなどの大手テクノロジー企業は現在、社会的信頼の重要なポイントを壊さないという責任とともに物事に取り組んでいます。

リスクと失敗に対する考え方

十分なリソースのあるテック企業では、リスクを受け入れ、失敗を喜ぶことが認められています。なぜなら、それはすべて学習であり、常に良いことからです。確かに、リスクなくして新しいものは作れませんが、技術者たちは自

---

*4　GoogleのOKRベースの計画プロセスは有名ですが、公開されている事例集（https://www.whatmatters.com/resources/google-okr-playbook/）には、部門全体や部門を横断して目標を調整するために必要な交渉手段については書かれていません。

分たちの分野でさえ失敗を軽視しがちです。何千人もの人が失業するような会社の崩壊を、創業者たちが新しい洞察力を得たとして賞賛するのを見てきました。何百万ドルという投資家の資金を犠牲にして[5]。

　関与する資金が貴重な税金であり、提供されるサービスが命に関わるものの場合、失敗は異なる影響をもたらします。組織的なリスクと個人的なリスクの間の乖離が大きいほど、失敗の影響が異なることと同様です。すでに費やされているリソースを破棄するのではなく、問題が明らかになっている取り組みを何らかの方法で修正したり、維持したりする傾向が強くなっています。また、政府の報道機関は、技術系の報道機関であれば教訓として片付けてしまうような初期の失敗を残酷なまでにとりあげることがあります。しかし、リソースの入手がいかに困難であるか、また、公的資金を無駄遣いしていると見られる風評被害がどれほど大きいかを知れば、それも理解できます[6]。

　では、イノベーションにはある程度のリスクテイクが必要であり、ある種のリスクは政府の文脈では非常に危険であることを考えると、どのように進めればいいのでしょうか。技術者にとっての最良の選択肢は、非常に小さなものから始めることです。理想的には、数ヶ月の間に数回の反復（イテレーション）を完了できるほど小さなものから始めることです。たとえば、反復的なソフトウェア開発は、前もってすべてを指定した大規模な調達よりも明らかに良い結果をもたらします。

　何百ページにもわたる要件を定め、誰もが上司の指示に忠実に従うことで得られるリスクマネジメントを支えるのは、規制や文化といった全体の構造です。しかし、数ヶ月のうちにアプリケーションフォームを作成し、高い評価を得るようなことをすれば、会話が弾むことでしょう。リスクマネジメントの新しい

---

[5]　WeWorkの多くの後日談がこれを物語っていますが、より味わい深い例もあります。Noah Kulwin, "The Extremely Bad Vibes of Adam Neumann," Outline, September 19, 2019, https://theoutline.com/post/7982/adam-neumann-wework-absurd

[6]　中堅の政府高官であっても、所属機関に対する訴訟で個人名を出される可能性があるため、専門職業人賠償責任保険に加入しなければなりません。

手法のように、何年もかかるような難しいことに挑戦する許可を得るには、まずは数ヶ月というミクロのスケールでそれを示すことが必要なのです。

プロトタイプの役割

ほぼすべてのシビックテックプロジェクトは、プロトタイプ作りから始まります。これには長所と短所があります。プロトタイプの長所は、コストをかけずにすぐに作ることができ、もったいないと思わずに作ったプロトタイプを捨ててしまえることです。一方、短所は、コストをかけていないので貧弱で長持ちせず、最後には使われずに捨てられてしまうことです。プロトタイプは「可能なことを示す (showing what's possible)」デモの目的としては最高の方法ですが、永続的に影響力を行使したいのであれば、その後の運用段階の戦略も必要になってくるでしょう。

現代の技術で何が可能かを示すには、プロトタイプに勝るものはありません。また、プロトタイプを使用すると、要件に関する抽象的な議論に終始するよりも、はるかに高いレベルの詳細度でユーザーのニーズをテストし、明らかにすることができます。もしあなたが、データセットを美しく、すぐに使えるウェブ表示画面に素早く変換することに長けているなら、あなたは自分の推奨する手法を非常に説得力のあるかたちで示すことができるでしょう。プロトタイプのような簡単に作られたソフトウェアは、政府が懸念していることのすべてに対応できるわけではありませんが、ある段階での面倒な要件定義の際、非常に効果的な議論の土台になることも事実です。

プロトタイプのもうひとつの欠点は、民間企業出身の技術者が、便利なツールや豊富な人的リソースを前提とした環境でのプロトタイプ作成に慣れてしまっている点です。「失敗を歓迎します。そこから学ぶことができます」「気にせず捨ててしまえばいいんです」。こういった発言は、文化的な理由だけでなく、人

的リソースの少ない一方で義務の多い公共部門の環境では、時として通用しないことがあります。プロトタイプはある種の見込みを示したものでしかありません。将来、堅牢で利用しやすい製品品質のソフトウェアで約束を果たすための道筋（「必要なことを行う（doing what's necessary）」段階、つまりは運用）を考えていない場合は、プロトタイプで何かを実現できると思い込むことは危険な約束となるかもしれません。

　実際のデータで駆動する実用的なプロトタイプを数百人の職員に対して提供し、次の段階の資金を得るために十分な知見を得ることを前提にしたプロジェクトの場合、長い予算編成の過程でプロジェクトが縮小したり、政権交代によってそれまでのプロジェクトがストップし、そこまでに作られたプロトタイプが唯一の成果物として公開されるはめになる状況がありえます。

　多くの場合、単なるプロトタイプの段階を超えるために、レガシーシステムに立ち向かわなければなりません。政府機関が高価で不便な古いデータベースアーキテクチャから新しいデータベースへの移行を支援することは、考えうる最大の勝利のひとつです。けれども長期的な焦点として、重要な技術や組織が求めるスキルが必要であり、通常は調達部門やその他の官僚的手続きにも協力していくことになります。実際に動作するプロトタイプを構築する際には、現在のシステムを調査し、プロトタイプを実現するために全員が乗り気だという最良の状況であれば、これらの課題にどのように取り組むかを考え始めるとよいでしょう。

デジタルトランスフォーメーションと継続的な改善

　イノベーションと並んで、異なる視点で私たちの思考をどのように形成するのかについて考えることには価値があります。本書ではまだ触れていない用語のひとつに、シビックイノベーションと一緒に語られることの多い「ガバメン

ト・デジタルトランスフォーメーション」があります。18Fに所属していた頃、メンバーのほぼ全員が「ガバメント・デジタルトランスフォーメーション」は重要な目標であることに同意しながらも、その定義に大変苦心していました。このテーマに取り組んだリサーチプロジェクトの後、政府機関がより大きな使命のために効果的に技術を選択し、管理し、避けることのできない次世代の技術的な変化に自力で対処できるようになったとき、変革は進むという考えに落ち着きました。

　つまり、組織は継続的な改善が可能になって初めて、デジタルトランスフォーメーションのハードルを越えたことになるのです。民間企業の多くもまだこのハードルをクリアしていませんし、また多くのスタートアップ企業も、自分たちの実践が持続可能かどうかを知るためにまだ十分な変化を経験していないことは指摘しておいたほうがよいでしょう。

　民間企業の技術者が好む現代的な手法の多くは、デザイン、テクノロジー、ミッション（目的や役割）を協調させながら前進させるプロセスを、単発的にではなく継続的に行うことを前提としています。このことは、シビックテックプロジェクトの予算調達を政府の予算立案にどう組み込むか、開発者やデザイナーに加えプロダクトマネージャーを採用できるのか、UI担当のデザイナーは副業で参加するのか雇うのかなど、政府の多くの現行の状況に問いを投げかけるものです。

　継続的な改善には価値があります。より良いものこそが重要であり、それを実現するためのチャンスは一度だけではないということを示唆しているからです。利子が利子を生む投資の複利のような改善は、中期的な期間（たとえば10年）で積み上がり、個々の改善は小さくとも、結果的に当初の何倍にも良い状況になります。

　現在私が関わっているプロジェクトでは、イノベーションへの過度な期待を抑えるために、地図の喩えを使っています。紙の地図帳しかない状況からスタ

ートした場合、最新のGoogleマップやWazeにたどり着くまでには、古くから存在するMapQuestを経由する必要があるかもしれません。音声アシストでリアルタイムに交通情報を提供することが技術的に可能であることは承知していますが、スタート地点からオンデマンドでカスタムプリントできる地図を手に入れるだけでも大きな収穫です。このような段階的なイノベーションは、次の飛躍を可能にするための実践であり、非常に有効な視点になりえます。

　シビックテックの活動にはリスクの高い分野と低い分野があり、リスクの低い分野でより速く変化を起こすことができる場合があります。それは十分価値あることです。たとえば、市が開催するサマープログラムに簡単に申し込めるようにすれば、それは素晴らしいことです。何かを（比較的）速く行いたいのであれば、そういうリスクの低い仕事は格好の候補になります。しかし、移民問題や刑事司法、災害援助の仕事であれば、短距離走ではなく長距離リレーの一部と考えるほうがいいでしょう。こういった本質的な問題を解決し、国民にふさわしいものにするためには、長い時間が必要です。

　しかし、この件を進展させるのは私たちが初めてではなく、シビックテック界隈には他にも熱心で能力のある人たちがたくさんいます。選挙資金公開運動の提唱者からクリントン大統領時代の政府改革の取り組み、私たちよりも前に活躍した活動家や改革者たちを（その不完全さを含めて）認め、自分たちも長い道のりの一部であると考える必要があるのです。

———

　技術者が提案する変化、それが真の新機軸であれ、単に政治的観点から見て新しい場合であれ、公共部門のパートナーが承認しやすいかたちでそれらを枠組み化するのが私たちの仕事の一環です。そしてさらに、パートナーの業績を台無しにすることのないようリスク管理を徹底することで、その承認のしやすさを補強します。そのため、リスクについて話す時間や、不測の事態に対応する時間は、他の技術的な仕事よりも長くなることが予想されます。時間をかけ

る価値のあるイノベーションは、シビックテックの仕事の魅力を説明する方法のひとつであり、多くのパートナーの共感を呼んでいます。けれども、変化に対する別の考えがあることや、イノベーションが必要ない場合についても、率直に評価する義務があります。イノベーションは強力なツールですが、慎重に扱うべきものなのです。

第 6 章
規制のある領域で働く

Working in
Regulated Spaces

規制のある領域で働く

　私の知るかぎり、民間企業からシビックテックに参加した人のほとんどは、物事を迅速に行うことが物事を改善することの重要な一部であるという考えを持っています。実際には、多少のスピードアップは可能で、改善も間違いなく可能ですが、スタートアップ企業のようなスピード感が現実的でない理由はたくさんあります。

　公共機関と民間企業が大きく異なる点は、特に「お金」にまつわることです。民間企業の多くは利益を追い求め、社会での競争に常にさらされており、利益をあげているのかどうかを比較的容易に判断できます。一方、政府は国民の税金で賄われており、政府が提供するサービスの唯一の相手は通常国民です。それらの公共サービスはスチュワードシップの原則にもとづいて運営されています。つまり、利益を上げることが目的ではなく、税金の利用について責任を持ち、賢く分配することが目的なのです。

　このことは、管理と監視に新たな視点をもたらします。政府機関は通常、予算をすべて使いきることになっているため、管理部門が問うのは、使った金額より多く儲けたかではなく、予算をうまく使ったかどうかということです。国民は期待通りの利益を得られたか、その利益は公平に分配されたか、汚職や契約上の差別はなく、予算は公平な方法で使われたか、といった観点です。

　スチュワードシップとは、より慎重でリスクを避けた仕事のスタイルにつながるもので、これによって公共機関に初めて足を踏み入れる人が困惑しがちな

多くの事柄、たとえば何かを成し遂げるのに長い時間がかかる理由などについての説明がつきます。

予算、会計年度、調達

　政府機関のどのレベルにおいても、予算は最も議論が交わされ精査されるタイプの法案のひとつです。立法機関はほとんどの予算を1年または2年のサイクルで適切に運用しており、具体的に用途を指定された支出要件には法的効力があります。この状況は、単に開始時期を正しく選べばよいと思われるかもしれませんが、そうではなくもう少し複雑なのです。予算交渉は期限ぎりぎりまで続くこともあります（連邦予算交渉では期限以降も続く[*1]）。ある政府機関の予算が予想を大幅に上回ることもあれば下回ることもあり、どちらにしても予算が変更された場合はプロジェクトの再編成が必要になります。

　また、予算にはさまざまな「色」が付いており、議会や資金提供者が、予算の使い方に対してさまざまな制約を設けています。タイミングに関する制限もあります。たとえば「1年分」の予算は、同じ予算や助成金の年度内に使わなければなりません。つまり、プロジェクトに何が起ころうとも、その期間内に完了するように特別な契約を締結しなければならないことを意味しています。一方、多くの政府機関では、金銭の支払い義務が発生する時期[*2]と、実際に支払われる時期について、ある程度の柔軟性を持たせることが可能です。

[*1]　連邦政府には継続決議という選択肢があり、議員たちは期限を過ぎても予算交渉を続けます。つまり、前から決まっていた施策は継続できますが、次の会計年度で提案される新しい施策は予算配分の結果を待たなければなりません。

[*2]　支払い義務（これから支払う義務のある他には使うことのできない資金の縛り）とは、契約上、特定の施策や特定の企業に、特定の目的で資金投入を約束することを意味します。それによって、使ったのと同じと見なされることもあります。1年分の資金投入を年度内に約束し、実際に支出するのは翌年度になる場合もあります（通常それ以上伸びることはありません）。

一度契約した予算を無効にすることは、官僚的には大きな痛手です。そのため、一度締結した契約は、たとえうまくいっていないとしても守り通すという強い動機があります。このこともひとつの理由となり、シビックテック担当者は1回限りの長期的な契約ではなく、更新オプション付きの短期的な契約を求めるべきです。これには官僚的手続きの大変さという観点もあります。

CAPEX と OPEX

　民間企業と公共機関を横断する予算用語として、少なくとも知っておくべき2つの専門用語があります。それは「CAPEX（Capital Expenditure：資本的支出または設備投資）」と「OPEX（Operating Expenditure：事業運営費）」です。これは、さまざまな種類の技術的な業務に対して、どちらの予算を割り当てるのが適切かという議論がしばしば起こるため、重要な意味を持ちます。また、資金調達の方法によって、最適なプロジェクト計画が大きく異なってくる可能性があります。

　CAPEX（資本的支出）は、技術的予算以外にも、建物や商用車、トラックの一群のような耐久性のあるもののために使われます。この費用は1年以内に支出されるかもしれませんが、予算上、資産が使用される複数年にわたって償却（分割されて計上）されます。

　OPEX（事業運営費）は、給与、印刷費、ソフトウェア利用料、光熱費など、継続的な経費です。予算を監視する役目を担う多くの議会は、事業運営費の増加を心配します。その理由は、無期限に続く支出と見なされるためです。

　テクノロジープロジェクトは、一時的な出費であることを説明しやすいため、資本的支出として資金調達されることが多いようです。これは問題となるかもしれません。というのも（もしあなたが技術者ならわ

かると思いますが）たとえば企業が一般市民と接する機会の60％を占める大規模ウェブサイトのようなものは、ビルの建築のようにいつか完成する類のものではないからです。CAPEX（資本的支出）が枯渇し、システムを維持・管理するための資金がなくなれば、ウェブサイトはあっという間に劣化してしまいます。

議会と非営利団体の資金提供者は、使い果たされていない予算を好ましくなく見る傾向があり、特に議会は、ある政府機関が今年度の資金の一部を使わずに返還した場合、翌年の予算割り当てが減らされることになります。これは、年度末に余っている予算が得られるという興味深い可能性につながります。なぜなら、すぐに使い切らなければいけない（あるいは少なくとも使う責任のある）資金が残っているからです。

政府がソフトウェアや技術サービスを購入する方法、つまり「調達」は、倫理的な理由から厳しく規制されています。このルールは、政府への販売で不当な利益を得ることや、政府高官が友人や金銭的利害関係のある企業に不当に契約の便宜を図るという慣習を阻止することを目的としています。しかしこのようなルールは、スチュワードシップの目標を達成するためというよりは、むしろ混乱や複雑化を招くことが多いと考えられています。たとえば、「入札に参加する企業は少なくとも20人以上の従業員が存在する企業でなければいけない」というような、急ごしらえの組織との契約から政府を守るかのように見えるルールは、実際には多くの優れた小規模のユーザーリサーチ会社や少数精鋭の開発会社を排除することになります。

ごく基本的な調達の流れは、次の通りです。

● RFI（Request for Information：情報提供依頼書）を作成する。あるサービスに対していくら支払うのが妥当か検討するための事前提案を依頼するもの。
● RFP（Request for Proposals：提案依頼書）を作成する。長い「要件収集」プロセ

スを経てまとめられた要件リストが含まれる。
- 評価プロセス。事前に評価基準が公表されている必要あり。特定の条件によっては、品質が考慮される場合とされない場合があるが、価格は常に評価基準として考慮されなければならない。
- 評価基準で最も高い点数を得た企業に契約を結ぶ権利が与えられる。
- 実際に契約書を作成する。

　これらのステップには、それぞれに厄介な基準やルールがあり、お役所的ミスのような単純な理由で入札が失格になることもあります[*3]。典型的なプロセスでは、政府との契約に関する専門知識を持つ企業に有利に働きます。その契約が、政府にとって馴染みのない分野（たとえば、UXデザインやアジャイル開発）のコンサルティングサービスである場合、入札要件はさらに難しくなります。

　契約では、要件にもとづいて成果物が極めて具体的かつ明示的である必要があり、成果物に対する変更依頼は正しく処理されなければなりません。もしあなたがソフトウェアの専門家なら、鉛筆やトラックといった資産を購入するために設計された契約の決まりが、デジタル製品にとっていかに問題であるかがすぐにわかるでしょう。データベースプロジェクトの最安値入札者が、政府が採用すべき適切な入札者であるとはかぎりません。また、ソフトウェアプロジェクトは、作業中にチームが新しい学びを得ることで計画が変更されることが一般的です。たとえ6ヶ月という短い期間のソフトウェアプロジェクトであっても、最初から成果物を規定してしまうということは、チームが作業過程で何も新しいことを学ばないことを前提とし、学んだとしても計画を変更できないことを意味します。

　小規模な調達は、それ自体が課題です。多くの政府にとって、25,000ドル以下（連邦政府であれば100,000ドル以下）の小規模契約は難しい傾向にあります。既

[*3]　最近ある競争入札の評価委員を務めたのですが、必要条件のすべての項目に「承諾」のチェックマークを記入していないというだけで2人の候補者が失格になりました。

製品*4のソフトウェアが好ましいと公言しているものの、ソフトウェア会社が民間企業の顧客に使用しているライセンスと購入手順の両方に何らかの修正を加えなければ、簡単にSaaS（software as a service）製品のライセンス購入をできる政府機関はほとんどないのが現状です。さらに、各SaaS製品は政府のIT部門による審査が必要で、セキュリティレベルや機能要件によっては製品を既存システム環境で使用してもよいか承認（ATO：authority to operate）を得る必要がある場合もあります。

規則とツール

　シビックテクノロジストとして最善の姿勢は、規則の背後にある動機はほとんど常に善良かつ重要なものであることを認識することです。ただし、場合によっては規則を過剰に解釈されたり誤用されてしまうことがあります。既存の規則の実行は、意識の高いイノベーターだけではなく、良い仕事をしようとする公務員にとっても変革の機会と捉えることができます。どこに焦点を当て、何に取り組むべきかを考える際には、以下の質問を振り返ってみてください。

- あなたの作業プロセスは、利用ツールにどの程度依存していますか？（GitHubにアクセスできなければ仕事にならないと思いますか？　Figmaは？　Google Docsは？）
- プロジェクトで開発するソフトウェアのアーキテクチャは、特定の技術要素にどの程度依存していますか？

政府が求めるセキュリティ要件は、政府が構築したソフトウェアだけでなく、

---

*4　これは、COTS（Commercial Off-The-Shelf：棚からすぐに出してすぐ使える市販品†1）のソフトウェア版と見なされているかもしれません。

†1　「棚からすぐに出してすぐ使える市販品」とは、軍事や航空宇宙業界で、専用に開発・調達されたものではなく、民生品を素早く調達して活用するということに由来している。

商用、オープンソース、内部利用限定にかかわらず、購入したシステムコンポーネントにも適用されます。その多くは、行政機関の規模や地域の事情にもよりますが、職場で業務に使用するソフトウェアにも適用されます。連邦政府では、ATO[*5]を取得することは、構築するもの、あるいは使用したいものを選定するための絶対条件であり、導入したいソフトウェアがセキュリティとアクセシビリティのすべての条件を満たすことを証明するために、その確認作業自体が数ヶ月に及ぶ形式ばった作業工程になることがあります[*6]。

　もしかしたら、チームの皆が使い慣れているからという理由で、特定の技術スタックやツールを好んで使っているかもしれません。そうであれば、ツールの導入は可能なかぎり柔軟に対応してください。2020年の時点で、特にリモートワークで分散して働くチームにとって、デザインとエンジニアリングの両方のプロセスに組み込まれたさまざまな種類のSaaSツールがどのような存在なのかを認識することが重要です。これらのツールの多くが、とりわけより迅速な、または分散されたコラボレーションを可能にします。これらのツールがなくても実現可能ですが、その場合、労力と時間がかかります。適切なツールが使えない場合、こうしたコミュニケーションにまつわる摩擦も、スケジュールが長くなり、チームが疲弊する要因のひとつです。

　Microsoftのエコシステムの中にある製品（AzureからWordまで）の導入が容易な理由の1つは、Microsoftが政府の購買要件を満たすことを優先しているためです。特にSaaSの領域では、かなりの数のソフトウェアやクラウド提供企業が、Microsoftほどには政府の購買要件を満たしていないか、対応することができないでいます[*7]。連邦政府の技術者がcloud.govに熱心に取り組んできた理由のひとつはこのためです。cloud.govは、カスタマイズされていないAWS（Amazon

---

*5　ご興味があれば、OpenControlコミュニティには連邦政府のATOに関するまとめられたコンテンツがあります。https://www.fedramp.gov/issuing-an-authority-to-operate/

*6　18Fのチームは、数年前からATOの工程の合理化（少なくともGSAでの場合）に取り組んでおり、状況は前進しています。

Web Services）の無印版で、連邦政府のセキュリティとプライバシーに関するすべての要件を完璧に満たし、米連邦政府一般調達局との省庁間契約で利用料を支払うことができるサービスです。cloud.govのようなプラットフォームが存在することで、多くの連邦政府のテクノロジープロジェクトが数ヶ月間短縮されます。州や地方政府の顧客も利用できるようにする計画もあるようです。

　最後に、今後はすべてのレビューの形式が厳格になり、各手順に少しずつ時間がかかることが予想されます。これを減らすことができるやり方もありますし、手順を減らすことはチームにとって素晴らしい副次的効果です。とはいえ、改革は組織的な作業であり、困難なことです（実際、今後の取り組みを加速させたとしても、全体としてはさらに遅くなるかもしれません）。単に既存の規則やプロセスを遵守し、必要に応じて調整することにしてもかまいません。そういった諦めも、チームの能力や状況に応じて、まったく適切な選択肢であり、それが自分たちにとって正しい選択であるならば、ぜひその道を選択してください。

どれくらいの時間がかかるのか？

　行政は大規模に運営されているため、民間企業で使われている大規模な開発手法（密結合したスプリント開発とフィードバックのサイクル、いわゆるアジャイル開発）を全面的に採用しているように思われるかもしれません。 しかし、アジャイル開発のような手法は、大規模なものと未熟なものが混在する状況に対処することが多いシビックテクノロジストにとって罠になりかねません。

　アジャイル開発のようなものを導入して成功するには、プロダクトやサービ

---

*7　その理由の1つは、一般的なSaaSの多くはサブスクリプションというビジネスモデルを用いており、クレジットカード決済に最適化されているためです。そのため請求書の発行や他の支払い方法の受け付け窓口を持っていないのです。クレジットカードは政府機関では非常に利用しにくく、もし利用できたとしても出張費に限定されることが多いです。

スが何のためにあるのか、利用者はそれをどう評価するのか、そして企業はどのようにしてプロダクトやサービスの成功を測定するのかという問いに答えられるどうかにかかっています。自分たちの仕事を政策として考えている政府機関は、通常、民間企業の製品と同じ緊急性で不具合に対処する必要はありませんし、NGOは自分たちがライバルと顧客を奪い合っているとは考えていません。チーム全体が「中期的な目標を達成するために、今は何に注力すべきか」という問いに2週間ごとのスプリント中に常に答えられるでしょうか？　そしてその目標はスプリントのたびに変更される可能性もあるのです。このような根本的な問いへの回答が存在し続けないかぎり、アジャイル開発手法の導入は非常に難しいものになるでしょう。

テクノロジー業界の民間企業における開発スピードの多くは、現在は忘れ去られてしまった今までの仕事の結果なのです。あなたが望む場所に到達するために完了しなければならないすべてのステップを考えましょう。

- 開発ベンダーはすでに堅牢な開発環境を持っているでしょうか？　そうでなければ、その構築を支援する必要があるでしょう。
- しっかりとしたテストとリリースのプロセスが存在しますか？
- 技術スタックは、あなたが構築したい種類のアプリケーションをサポートしていますか？　そうでなければ、ライセンス、調達、そして場合によっては移行作業が必要です。
- 24時間365日利用できる必要があるサービスについて、それをサポートし維持するためのチーム体制が整っていますか？
- その政府機関は、将来にわたってシステムを維持するために、現在の職階以外の人々を雇用する体制を持っていますか？
- 既存の開発プロセスは、どのような前提の上に成り立っていますか？　その前提は、ユーザーが誰であるかに関係なく、ユーザーテストを実施することを含みますか？
- システムの各機能の状態を監視し、その動作を測定する方法はありますか？

また政府機関には、セキュリティ、アクセシビリティ、取り扱う言語に関するかなり厳しい要件があり、最初からそれらに対応する必要があります。

　Googleのキーワード検索の1ページ目に表示されないようなウェブサイトに精緻なアクセス解析を導入するのは合理的ではありませんし、ユーザー数が数千人程度のアプリでちょっとした文言の変更にA/Bテストを利用するのも合理的とは言えません。戦略的な不確実性がまだかなり高い段階で、多分野のアジャイルチームを立ち上げて開発スプリントを開始するのは合理的ではないかもしれません（大丈夫、必ずしも合理的ではないわけではありません）。ユーザーリサーチの後、報告書を書かずにそのままプロトタイプを作成するような強引で素早い手法も、前提条件が整っていない組織では合わないかもしれません。

　では、そのような期待に応えつつ、有益な仕事をするにはどうすればよいのでしょうか。幸いなことに、シビックテックの世界では数週間から数ヶ月で達成できることがたくさんあり、それらの多くは民間企業で数週間から数ヶ月かけてできることと同じ価値があります。そこに良い人間関係があれば、プロトタイプを作ることができます（人との関係性がなくてもプロトタイプを作ることはできますが、おそらくその影響力のなさに失望してしまうでしょうから、そうならないことを望んでいます）。

　別の例を考えてみましょう。重要なフォームを紙からデジタルに変換する場合、そのための技術検討やデザイン作業には数時間しかかかりません。このような変換作業を初めて行う場合、オンラインフォームを作成するための初期設定が必要なため、最初のうちは作業がかなり遅くなることが予想されます。しかし、組織内の人がフォーム変換作業に触れるにつれて、作業スピードは加速する傾向にあります。ジョシュ・ジーがボストンでの2年間で行ったように、20または100の登録フォームをオンライン版に変換することは、シビックテックにとって大きな勝利になる可能性があります[8]。

　ほんの数週間、数ヶ月で何ができるでしょう？

- APIを作成してテストしたり、公開されているAPIを実際に使ってみることができるかもしれません。
- ランディングページを立ち上げたり、小規模なウェブサイトを作ったり、ウェブサイトのデザインをし直したり。現在世の中に存在するツールを活用すれば、かなりのスピードでウェブを構築できます*9。

小さなチームでも、上述したように数日で情報サイトを立ち上げるようなことができるので、そのスピードに皆が感心するでしょう（所属組織のパートナーからの信頼を得るのにも役立ちます）。しかし、こういった成果のほとんどは単発で、それだけでは永続的なインパクトを与えるものではありません。

シビックテクノロジストとして人々の生活に大きなインパクトを与えたいと考え、ある程度の規模があり、それをゼロから始めるのであれば、やり遂げるために少なくとも2年を費やす必要があります。多くの場合、3年から5年がより現実的です。5年かけたとしても成功の保証はありません。この想定期間は、中心となるチームのメンバーとしてフルタイムの仕事として取り組む場合です。またフルタイムで参加せずとも、チームのコンサルタントとして2〜5年かかる取り組みのなかで、要所要所のタイミングでチームの相談を受ける専門的な役割を果たすこともできます。

---

*8　Josh Gee「政府の登録フォームをオンライン化した2年間で学んだこと」Medium、2018年2月22日、https://medium.com/@jgee/what-i-learned-in-two-years-of-moving-government-forms-online-1edc4c2aa089

*9　既存のデジタルチームがある州や都市は、主にコンテンツ担当者とテスト担当者を一時的に酷使することで、数日のうちに新型コロナウイルスの世界的大流行に関する優れた情報ウェブサイトを立ち上げました（ただし、もともとチームに所属するコンテンツ要員とテスト要員がいたおかげではありますが）。

リレーに参加する

　この過程でシビックテックが果たす役割は、新しく重要なスキルを集結させることですが、それだけではありません。 私たち一人ひとりが活動に疲れて休んだとしても、このシビックテックの活動が続くとわかれば、2年、5年という歳月は不安の種ではなくなるはずです。何か貢献できることがあれば、それがどれだけ長く使えるものかわからなくとも、特にうまくいったことを書き留めておくと、それは価値あるものになります。有用なドキュメントは、次の人へリレーし、バトンを渡していくのです。

　もし、あなたが関わっているプロジェクトが政権交代や資金難で3年後に頓挫したとしても、あなたの身に起こったことを分析することで、次のグループが同じようなプロジェクトに挑戦する際に絶対的な後押しを与えることができます。それだけでもシビックテックへの大きな貢献となります。また、ユーザーとのつながりや法的パートナーとのより良い関係性があれば、再びプロジェクトを立ち上げるチャンスがあるかもしれません。あなたが、あるシステムの一部分を担当し、そのシステムがあなたがプロジェクトから抜けた3年後にローンチされたとしても、その貢献は貴重なものです。シビックテック団体で開発したソースコードを整理してGitHubに公開し、1年半後にその団体が解散したとしても、誰かに見てもらえるような貴重な成果物を残したことになります。そして、スチュワードシップを実践する人たちは、このような次につなげる気持ちを忘れないのです。

―――――

　ですから、民間企業のプロジェクトよりも成果を出すには時間がかかると思っていてください。 進展は遅く、より堅苦しい環境であることを覚悟してください。けれども、短期的に成功しようが失敗しようが、あなたのシビックテックの仕事は50年のプロジェクトの一部であると考えましょう。あなたの貢献が、

シビックテックのプロジェクトに取り組む次の誰かにとって重要な役目を果たすことを期待しましょう。時には休むことがあっても、また準備ができたらシビックテックに戻ってくればいいのです。

第7章

重要なスキル

Essential Skills

重要なスキル

シビックテックは、あなたの技術スキルを有効に活用するための理想的な手段になりえますが、その道を切り開くのは、あなたのコミュニケーションスキルとコラボレーションスキルです。コミュニケーション能力、影響力を使って物事を管理し、適切で戦略的な選択をすることは不可欠です。そして、判断力、ファシリテーション能力、説得力のある文章を書く能力まで、あらゆることが重要です。やるべきことを黙々とこなすだけで公共の利益に大きな影響を与えられるような仕事はまだありませんし、そんな仕事がこれからあるかどうかもわかりません。自分の仕事についてたくさん話し、他の人が自分の仕事について話すのを聞くことが求められます。

この章では、特定のシビックテックの課題に対応できるスキルがあるかどうかを判断する方法と、まだ経験の浅い技術者の場合、シビックテックのキャリアについてどう考えたらよいかを説明します。また、シビックテックの分野で重要な非技術的分野と、技術的な専門が何であれ、強力なコミュニケーションのスキルとファシリテーションのスキルが絶対に必要であることも解説します。

シビックテックで成功するためにはどのようなスキルが必要なのか?

よくこの質問をされます。最もシンプルな答えは、「どの分野だとしても、中級レベルの技術スキルと、非常に強力なコミュニケーションスキル、特に聞き

手としてのスキルの組み合わせが必要です」というものです。 もしあなたが、明確に記述したソースコードの修正依頼文、メール文、プレゼンテーション資料を書くことができ、アイデアを提示し、会議の進行を助けることができるなら、少なくともコミュニケーション面での基礎はできていることになります。また、新しい状況を理解し、他の人があなたのやり方を新しい状況に適応させるのを手助けすることに意義を感じるのであれば、シビックテックという変革の仕事のなかでこれらのスキルを展開するための良い土台を備えています。

　良いコードを書き、美しいユーザーインターフェイスのフローを設計し、よく練られたストーリーやエピック[†1]（現実的にはビジネス事例やスケジュール）を書けるだけでは成功は望めません。もしあなたがデータサイエンティスト、コンテンツデザイナー、システム設計者、テクノロジーに精通した弁護士など、そのほか多くの技術をこなせるのであれば、技術面では正しいポジションにいると言えるでしょう。エンジニアリング、デザイン、プロダクト開発のいずれかの分野で中堅レベルのスキルを持っていれば、一般的にシビックテックで成功するために必要な技術の一部を備えていることになります。また、シビックテックにとって技術的な問題がプロジェクトで最も解決困難な課題であることはほとんどないので、技術的なスキルセットでは未熟だとしても、他の領域の専門知識を持つ人には興味深い仕事がたくさんあります[*1]。

　自分がどのような目標に向かって取り組むかを明確にすることとは別に、取り組みたいプロジェクトを決める時に行うべき最も重要な決定事項のひとつは、その目標を達成するために、どの技術レイヤーまたは組織レイヤーで最も効果的に働くことができるかを決めることです。この考え方は、シビックテックのエコシステムのどこに責任が集中しているのかを把握する手助けをしてくれます。

[†1]　ストーリーとは、アジャイル開発における「機能を簡潔に記述したもの」。エピックとは、アジャイル開発における「一定の機能分類で担当範囲ごとにグルーピングしたもの」。

[*1]　法律や組織づくりのスキルは特に有用です。予算の専門家、ジャーナリスト、公衆衛生従事者なども、シビックテックで素晴らしい成果を上げています。

ウェブサイトには非常に興味深いチャンスがあります。なぜなら、ウェブの操作画面は技術スタックの表面的な情報でありながら、ウェブサイトのプロジェクトに存在する複数の段階、複数の分野にまたがる課題や仕事の機会を明らかにしてくれるからです。あなたはどの分野に取り組みますか？

- 新しいウェブコンテンツを作成する。
- 既存システムの新しいテンプレートを作成する。
- システムをより柔軟性の高いものに修正または交換する。
- 特定のコンテンツを自動配信するためにデータベースをウェブ公開システムと統合する。
- プロジェクトのデータ担当グループと開発チームを再編成し、密接に連携できるようにする。

これらのうち、どの項目も少しずつ異なるスキルが要求されます。技術的なものもあれば、技術スキルとは関係ないものもあります。しかしどの項目も、シビックテック分野にしっかりと貢献するためには役立つものばかりです。

自分の限界を知る：能力レベル

私はこの本の原稿を、2020年のアイオワ州党員集会のアプリが大事故[†2]を起こした後に執筆しています。メディアによる暴露記事の公開後、アプリの計画、テスト、サポートが不十分だったことが明らかになりました。複数の専門家は、利用できる時間と人的リソースを事前に知っていれば、プロジェクトへの参加を拒否するか、まったく異なるかたちでスケジューリングしていただろうと述べています[*2]。国家的な視点で見ると、大事故は誰にとっても悪夢であり、シ

---

†2 投票アプリの不具合により、集計結果にミスが発生した。

ビックテック分野全体にも悪い影響を及ぼします。

　スキルセットに強みがあるのは素晴らしいことですが、その分野で最強のデータサイエンティストであることよりも重要なのは、自分の能力が及ばないときにそれを自分で理解できる知識があることです。力不足とは、単に特定の技術を知らないということとは違います。それは、何かが可能かどうか、合理的かどうか、プロジェクト内のリスク領域はどこか、といった判断を下すための経験を持ち合わせていないことを意味します。

　ある課題に対して、自分の能力を正しくランク付けするためには、ある程度の洞察力が必要です。学習の初期段階では、無意識的無能（何がわからないのかわからない）[3]と呼ばれることもあり、自分が何を知らないのかにさえ気づきません。技術の世界では、単純な作業を習得した後であれば、より複雑な作業も簡単にこなせると思い込んでしまうことがよくあります。民間企業の技術習得で学んだ基本的な能力は、同じ方法をシビックテックの技術状況に当てはめる際に、誤った安心感を与えるかもしれません。たとえば、ドメスティック・バイオレンスやストーカーによってトラウマを抱えた人が接近禁止命令を求めるアプリのインターフェイスについて調査する場合を考えてみましょう。民間企業でユーザビリティ調査を何度か行ったことがある場合、同じくらいの時間をかけたインタビューから良い情報を得られるだけの知識があると思い込んでしまうかもしれません。しかし実際は、トラウマを受けた相手を考慮したインタビューはもっと複雑であり、配慮を怠ると相手に害を及ぼす可能性もあります。

もし、あなたがまだ「何がわからないのかわからない」段階かもしれないなら、先輩やメンターと一緒に勉強することをお勧めします。知るべきことはすべて知っていると確信できるとしたら、それは少なくとも一部の領域の知識については、間違いなくまだ「何がわからないのかわからない」段階にいるのだということです。

　意識的無能（わからないことがわかる）の壁を安全に乗り越えつつ学んでいるのであれば、リスクの少ない状況であり、「自分はまだまだ知らないことがある」といつも感じているかもしれません。この感覚は、不快ではありますが健全なものです。誰もがすべての答えを持っているわけではありません。適切な質問をし、その内容がチームが扱うには適切な領域かどうか、チームの能力で対応できる範囲かどうかがわからないときには、警告を発することができることこそが重要な能力だと言えます。シビックテックに関わる人は皆、行政機関や一般の人々に対してそのような義務を負っているのです。

　中級者になると、やはりメンターは貴重な存在です（正直なところ、多くのシニア層もメンターが欲しいと思っています）。しかし、中級者がそのような専門の指導者を得ることは難しいことです。あなたのスキルが意識的有能（やろうと思えばできる）の段階へと成長すると、直接的な知識だけでなく、メンターを評価する直感も身についてきます。専門家同士の人的ネットワークを広げ、コミュニティ内で自分のスキルが不足している問題に対して信頼できるアドバイスをしてもらえる人を知っておくと、さらによいでしょう。良いアドバイスを評価し、アドバイスを引き出す能力は、あなたのチームと、あなたが関わる行政機関の人にとって有利に働くでしょう。

　たとえあなたが技術力に非常に優れていたとしても、新しい状況下で無意識的無能になっている領域がないかどうか注意してください。シニアレベルになると、通常、無意識的有能（意識しなくてもできる）の段階に達し、ある種のコアスキルが習慣化され、説明することさえ難しいほど自然なことになります。賢い上級者は、自分のスキルセットの端のほうでいつも自問や疑念を持ち続けま

す。そして、最も重要なことは、自分の限界を認識し続け、自分より若い人た
ちが限界に気づくのを助けることができることです。

フレームワークと柔軟性

エンジニアやプログラマーであれば、どの言語やフレームワークがいちばん
便利なのかというのは難しい質問だと知っています。 多くの政府機関では、技
術スタックの大部分をOracleやMicrosoft製品に統一しているため、これらの
製品群や関連するプログラミング言語に精通していることは役立ちます（パート
ナーとの信頼関係も築きやすくなります）。しかし、多くのプロジェクトの一部とな
るウェブサイトを構築している場合は、それがすべてである必要はありません。

　過去10年間のテクノロジー業界の特徴の1つは、手法やツールへのこだわり
でした。それがアジャイル、リーン、デザイン思考、DevOps（DesignOpsや
ResearchOpsも）であろうと、ソフトウェアチームはプロセスについてよく考え、
話し合ったものです。アジャイルやリーンの手法に特化した生産性向上ツール
が市場に出回るようになりました。私たちの多くは、ソフトウェアのリリース
が成功するか否かは、少なくとも部分的には方法論とツールの組み合わせによ
るものだと考えています。それはおそらく正しいでしょう。シビックテック活
動の場で私たちができる最も明白な活動のひとつは、すでに知っているうまく
いく方法とうまくいくツールを使うことです。

　とはいえ、具体的にどんな手法を使うか、どんなツールを使うかといったこ
とについては、柔軟な姿勢をとることが最も生産的です。金銭的成果を最大化
するために作られた、潤沢な人的リソースを持つ環境向けの手法やツールは、壮
大な目標を持つ人的リソースの少ないプロジェクトには必ずしも適していませ
ん。

一般論として、最新の技術よりも安定した技術に精通しているほうが役に立ちます。私の考えとしては、ネットワークコンピューティング、データベース、モバイルウェブが基本で、これらの要素が必要なくなるのはまだまだ数年先だと思います。たとえばあなたがJavaScriptに強く、チームが使用する特定のフロントエンドのフレームワークの種類にあまりこだわらないのであれば、どのフレームワークを採用するか、それぞれの状況に応じて複数のJavaScriptフレームワークの長所を比較する手助けができるかもしれません。そういう人は、フロントエンドエンジニアとしてシビックテック活動をするうえで非常に有用なスキルを持っていることになります。

　そしてあなたがどのような技術領域で仕事しているとしても、行政組織やシビックテックチームが好む技術スタックを学び、採用する自信を持つことも、プラスになるはずです。もしITやウェブ、アナリストのコミュニティであなたと一緒に仕事をすることに興味がある人を見つけたら、パートナーシップを結ぶ最善の方法は、その人が選んだプログラミング言語を採用し、協働的で反復的な側面に焦点を当てた現代的なコーチングを行うことかもしれません。

　とはいえ、民間企業で身に付けた手法は、そのままシビックテックにも持ち込むことができます。重要なのは、それらを堅苦しいテンプレートではなく、柔軟なモデルとして扱い、自分自身やチームに次のような問いを投げかけることです。

- ●アジャイル手法のどの工程が、私たちが取り組んでいる目標に役立つか？
- ●良いUXの実践のための前提条件はあるか？　ない場合、獲得するのはどれくらい大変か？

　ここは、慎重に武器を選ぶべき素晴らしい闘技場なのです。多くの場合、政府で働くメンバーのために新しくTrelloを導入することは、単に表計算ソフトでタスク管理することよりもはるかに大きな負担となります。同様に、新たに機材を整えビデオ会議ツールで会議に参加してもらうことは、すでに設置済み

の機器で電話会議を行うよりはるかに困難なことです。ツールの選択に関して柔軟性を持たなければいけないということは、仕事を成し遂げるためには、あなたの好みの仕事スタイルを柔軟に適応させる必要があることを意味します。この点については第11章でさらに詳しく説明します。

シビックテックにおける、テクノロジーとは関係ない仕事

　　自分自身の経験を考えると、履歴書の技術スキル一覧には書かれていないようなスキルが、シビックテックのプロジェクトで非常に役立つ可能性があります。たとえば以下について、あなたはどうでしょう？

- 予算を運用したことがありますか？
- 求人のための職務定義書（ジョブ・ディスクリプション）を書いたことがありますか？
- コミュニティ・ミーティングで証言したことがありますか？
- 政府からの補助金を管理・運用したことがありますか？
- 大企業で購買業務に携わったことがありますか？
- 標準規格を策定した、または標準化団体と協力したことがありますか？
- キャンペーンやその他の組織活動に参加したことがありますか？
- 政策立案者と面会したり、委員会の委員になったりしたことがありますか？
- 法務に関する経験を積んでいますか？

　このような「テクノロジーとは関係ない」経験も、公共団体がテクノロジーを使って有権者により良いサービスを提供するために役立つものです。

　公共部門で業務を遂行するには、政策、規制、予算、調達、その他の業務上のニーズに長けた人材が不可欠です。法律の学位や非営利活動での経歴は、シビックテックに参入するためのスキルとしては過小評価されているかもしれません。けれどもこういった非テクノロジー分野の経験から始め、そのうえで技

術的なスキルを身につけた人のほうが、素晴らしいことを実現する事例が多いのです[*4]。

　政府機関のなかには、官僚が技術的な仕事を円滑に進められるように「官僚ハッカー」と呼ばれる責任者を置くところもあるほどです。有名な事例として、米国デジタルサービス（United States Digital Service）の職員が、購買や調達に関する規則が記載された2,000ページ以上ある連邦調達規則（Federal Acquisition Regulations）のテクノロジー関連項目を読み解き、テクノロジーに関する規則についてのより短くわかりやすいガイドを作成したことが挙げられます[*5]。

これからキャリアを積む人へ

　シビックテックは、まったくの新人や新卒者にとって厳しい環境ですが、見習い制度（アプレンティスシップ）やその他の施策が増えてきています。 多くの企業では、未経験者を採用し、指導し、昇進させることは、技術者集団の健全性を評価するための有意義な方法であると考えています。私もその考えに賛成です。この施策をうまく進めるには、人材育成という長期的な目標にかなりの組織力を割く必要があります。つまり、十分な時間と人的リソースを投入して運営する必要があるのです。

　現状のシビックテックの現場について正しい状況を伝えます。シビックテッ

[*4]　ジャーナリズムのバックグラウンドがあればユーザーリサーチやコンテンツデザイン、統計学のバックグラウンドがあればデータサイエンスなど、身近で役立つ実践的なスキルを思い浮かべてみてください。

[*5]　米国デジタルサービス「TechFARハンドブック」https://playbook.cio.gov/techfar/
TechFARハンドブック作成のような仕事は、ガイドの作成、プライバシー要件の明確化、必要なサービスを購入するための選択肢を提供する購買機関の指定など、プロジェクトが提供できる最も影響力のある仕事になる可能性があります。もしあなたがそのようなスキルを持っているなら、最優先事項のひとつとして考えてみてください。

ク分野に進むつもりで最初の仕事を探しているなら、健全な状況で、適切なリソース配分で運営されているチームを探してください。どのようにトレーニングや指導を受けられるのか、技術者としての成長をどう評価するのか、詳しく聞いてみましょう。良い答えが返ってくるということは、必要なサポートを受けられることを意味しており、昇進の余地もあるはずです。

　けれども、政府機関に所属する技術グループの多くは健全な状況で運営されていません。若手へのサポートが十分でないということは、彼らが望む学習もキャリアップも得られないことを意味しています。また、技術的な指導が技術志向の民間企業に比べてしっかりしていなかったり、先輩が働き過ぎのため後輩への指導に時間が割けなかったりすると、後輩は自分がどれくらいのスキルを持っているのかを明確に把握できないまま、テクノロジー業界に戻るための選択肢が少なくなってしまうかもしれません。

　プログラムを丁寧に設計しないと[*6]、シビックテックの仕事からの技術的成長はせいぜい新人の技術職と同等レベルにしかならないのではないかと心配しています。もしそうだとしたら、大手テクノロジー企業でしばらく高給の仕事に就いていたほうがいいでしょう。キャリア初期における給与水準は、その後のキャリアを通じてさまざまな影響を及ぼすからです[*7]。

　シビックテックのキャリアを準備する最善の方法は、さまざまな手法、価値観、制約の種類をできるだけ多く学び、できるだけ多くの異なるタイプの人々と一緒に働くことで、コラボレーションスキルを磨くことです。もしシビックテック団体が運営する体系的な研修やイベントがあれば、ぜひ参加してみてください。そのような機会がなかったとしても、自分の専門分野の技術を磨き、身

＊6　2020年の時点で、いくつかのシビックテック組織（Code for AmericaとNava PBC）が見習い制度を発表しています。私の考えでは、こういった価値観を持った団体による正式な施策が、未熟な技術者にふさわしい経験をもたらしてくれる可能性が高いと考えています。

＊7　特に女性や有色人種（またはその両方）であれば、業界基準値の給与を得た実績により、後々のキャリアアップの際に交渉の幅が広がります。

近なシビックテックの活動に参加することで、同じように準備をすることができます。

　そして、伝統的なテクノロジー企業、特に実務への確固たる見識を持つ大企業で働く機会があれば、貴重なスキルを得られることでしょう。シビックテック団体と民間企業に内在する価値観や力関係、そして仕事のなかでテクノロジーがパズルのピースとして意味を持つか持たないかを考えることに慣れましょう。健全な方法と不健全な方法でコラボレーションを行う人々のグループを観察し、どのようにしたらうまくコラボレーションができるかという視点を養うのです。ウェブライティングや表計算ソフトの使い方でもよいので、デジタルテクノロジーの基本的なスキルセットを人に教えられる程度に磨きましょう。あなたが正式にシビックテックの活動に参加する頃には、この分野をより豊かにする準備が整っていることでしょう。そして、実際にあなたが参加する時には、今よりももっと多くの機会を作ることが、すでにシビックテックの世界にいる私たちの役目です。

———

　ほぼすべてのプロジェクト領域で言えることですが、自分の専門分野に対する確固たる見識と柔軟なツールボックスを持っている上級者は非常に価値があります。 そういった人たちは若手のシビックテクノロジストやシビックテックに関心のある政府機関を指導し、新しい手法を効果的にチームに伝え、問題の範囲特定^{スコーピング}とその解決においてチームを牽引することができます。1人から2人の経験豊富な人材が、若手のデザイナーや開発者を含むチーム全体に正しい視点を提供することができます。これは、単なるスキルセットを超えて機能するお手本です。

　経験豊富な官僚が1人か2人いれば、50人の技術者が法律上の義務や政府の構造を理解するのに役立つように、経験豊富なプロダクトマネージャーが1人か2人いれば、大規模な政府機関がプロダクトとして行政サービスを考える手法を

学ぶのを助けることができるでしょう。

　もしあなたが民間企業の中堅技術者なら、「確固たる見識と柔軟なツールボックス」の持ち主として力を発揮できる専門分野が間違いなくあるはずです。そして、公共部門には、そのような専門性が必要であり、それを支持し、適応させ、サポートする人が必要であることはほぼ間違いないでしょう。

　あとは、コミュニケーションスキルと好奇心があれば準備は万端です。シビックテックで何かを成し遂げるためには、適切なサポートを受けながらあらゆる経験を持った人々が活躍することが求められます。

Project Teams
and
Methods

プロジェクトチームと手法

　2020年現在、シビックテックの仕事のほとんどは「変革の仕事」でもあります。それは、単に公共のニーズを満たすソフトウェアを作ることだけではなく、公共部門の能力を高めることを目的としています。つまり、公共部門の価値観を尊重し、それらをサポートしながら新しいやり方を導入し、既存のやり方の一部を新しいやり方に移行することを意味しています。政府のプロジェクトチームは通常、民間企業のチームとは異なる組織構成になっています。民間企業の手法を新しい環境に導入し、適応させる場合、適応性はシビックテクノロジストにとって重要な資質となります。

　目標を達成するためにテクノロジーをどのように活用すべきかによって、政府プロジェクトに参加するのか、ボランティアプロジェクトに参加するのか、2つの異なる可能性が考えられます。ひとつは組織階層、つまりは目的とする組織内の「情報システム」（テクノロジーそのものではありません）の部署に属すことです。それには政府組織の情報システム部署と協働するベンダーも含みます。もうひとつは、オープンソースソフトウェアのプロジェクトに参加することです。そういったプロジェクトは極端にフラット（非階層的）であり、技術的なメリットを示すことに高い価値を置き、技術に貢献する者は少なくともプロジェクトのビジネス担当またはデザイン担当のメンバーと同等の立場であるという前提です。

　シビックテックプロジェクトを始めるにあたって、自分と同じようなことに取り組んでいるパートナーを見つけることができればいいのですが、その人の

肩書きは予想とは異なるかもしれません。また、長年にわたって当たり前に使いこなしてきたものを、年長者に教え、説明する必要があるかもしれません。また逆に、自分が今まで経験してきた世界とはまったく異なるものを理解する必要があるかもしれません。さらに、必要なデータや人材や機材などのリソースを提供してくれる人に出会おうとする努力も必要かもしれません。このように、ソフトスキルを駆使することは、コミュニケーションを得意とする人にとっても大変負担になることです。しかし、学ぼうと考えて前進しているかぎり、その努力は決して無駄にはなりません。

政府チームと前提条件

政府がソフトウェアを（購入するのではなく）構築する場合、それを行うグループはIT部門として扱われます[*1]。ソースコードを扱う人々は通常、エンジニアではなく「アプリケーション開発者」または「ITアナリスト」と呼ばれます。また、「ビジネスシステム・アナリスト」と呼ばれるスタッフがおり、プロダクトマネジメントやUX担当者が担ってきた責任の一部を、別の名前で、しかも前提条件が大きく異なるかたちで担っていることが多いです。

IT部門にプロダクトマネージャーがいることは非常に珍しいです。ただし、何らかのアジャイル的手法を採用している集団では「プロダクトオーナー」と呼ばれる人々がいるかもしれません。また、プログラムマネージャーとプロジェクトマネージャーが存在しても、彼らはIT部門の一員ではないかもしれません。

プログラムスタッフとITスタッフは明確に区別されています。プログラムスタッフが技術的な仕事を依頼する場合、通常はかなり組織的な依頼手続きを踏

---

*1　これは、たとえイノベーションラボやデジタルサービス専門のチームがあったとしても、技術者が
　　その大半を占めることになります。

まなければなりません。肩書きによって期待されることは異なるかもしれませんが、これらの人々は皆、大切な仲間です。

　ほとんどの政府機関では、内部にある程度の技術的な知見があるとはいえ、どのようなプロジェクトでも少なくとも1社は外部のベンダーが関わっている可能性が高いでしょう。ベンダーは、ユーザーリサーチ、デザイン[*2]、政府内部チームが持っていない技能に関わる部分の開発、システムインテグレーション、特定のソフトウェアスタックや技術的問題についてのコンサルティングなどのために配属されます。多くの場合、技術ベンダーは情報システム部のITチームと仕事を進めますが、シビックテックの施策に関わるチーム（プログラムスタッフ）はデザイン担当のベンダーまたはリサーチ担当のベンダーと直接契約することもあります。

　これらの外部ベンダーや、そこで働く人々もまた、必要不可欠な仲間なのですが、その人たちとつながりを持つのは難しいかもしれません。ベンダーとの契約には「さっさとこの仕事を片付けろ」というような形式のものもあり、過労気味の政府関係の関係者のなかには、それが最もストレスが少ない契約形式だと思い込んでいる人もいます。より協働的に進めるということは、内部グループと社外のベンダーグループの垣根を越えてできるかぎり協力し、あなたがベンダー側にいる場合は、そういった協力が可能なような契約内容を提案することです[*3]。

＊2　UXリサーチやデジタルデザインの役割を担っている政府機関はほとんどなく、ユーザーリサーチ参加者への報奨金の支払いに関しても難しい政府規定があるため、リサーチとデザインを外部ベンダーに依頼するのはごく一般的な体制となっています。

＊3　同じ場所に集まって仕事すること(コロケーション)は、たとえフルタイムの参加でないパートタイム参加の場合も素晴らしいやり方です。また、頻繁に進捗共有のミーティングを行うことは必須です（アジャイル手法の一部分である「スタンドアップ・ミーティング〔毎日短時間立ったままミーティング〕」するかどうかは別として）。

オープンソースチームと前提条件

　もしあなたが政府組織の外でボランティアやシビックテックのスタートアップで活動する団体に参加した場合、行政の慣習の代わりにオープンソースプロジェクトに共通する特有の役割や慣習に遭遇するかもしれません。シビックテックの団体はここ数年、デザイナーの仲間を歓迎し、サポートすることに努めてきましたが、それでもオープンソースプロジェクトではエンジニアリング中心の文化になることが多いでしょう。そういったプロジェクトでは、GitHubのようなオンライン共有リポジトリを多用し、それらの利用プロセスに従う可能性が高いため、事前にGitHubの使い方や手順に精通しておくことには十分な価値があります。オープンソースプロジェクトに参加する人の多くは、エンジニアリング－デザイン－プロダクトの三位一体の重要性について熟知しており、あなたがどの枠に属するにしても、一緒に働くことを熱望しているはずです。

エンジニアリング－デザイン－プロダクトの三位一体

　2010年代の民間企業の技術チームの多くは、大手企業であれスタートアップ企業であれ、ソフトウェアの担当をエンジニアリング、デザイン、プロダクトの3つに大別していました。エンジニアリングに関わる人員は、他の2つよりも10倍以上多い場合がありますが、いずれも開発プロセスの重要な構成要素であると考えられています。大規模なシビックテックプロジェクトの多くも、この3つの分野の人々が協力し合い、上層部からのマイクロマネジメントを受けずに明確な目標を達成するために、アジャイルから派生した自己組織化チーム[†1]のコンセプトを採用しています。

---

†1　自己組織化チームとは、作業を成し遂げるための最善の策を、チーム外部の誰かからの指示ではなく、自らが選択することによってなし得るというアジャイル手法におけるやり方。

もちろん3つのカテゴリーにはもっと多くの役割があります。「デザイン」には、リサーチグループ、UXデザイングループ、ビジュアルデザイングループ、コンテンツグループ、そして場合によってはサービスデザイングループも含まれます[*4]。「エンジニアリング」には、バックエンド、フロントエンド、セキュリティ、DevOps、テスト、データサイエンスなどが含まれます。「プロダクト」は一般的に最も規模が小さく、複数の役割に細分化される可能性は低くなります。

　エンジニアリング－デザイン－プロダクトの三位一体の成功のためには、いくつかの要因が関係してきます。

- 目標に対する認識が共有されていること。
- 目標を達成するために、どのように技術を活用できるかが明確であること。
- エコシステムとアーキテクチャの課題の少なくともいくつかはすでに把握されていること。

　この土台がしっかりしていないと、スプリントを繰り返したり、計画通りに設計・構築したりしても、人的リソースの無駄遣いと政府機関のパートナーの怒りを招くだけです。

　綿密なコラボレーションによるこの3タイプの職能での従来型の責任分担は、ソフトウェア開発チームにおいては生産的であり、シビックテックにおいても強みを発揮します。しかし、ソフトウェアを開発することが第一の目的でない

[*4]　「サービスデザイン」という用語は欧州で一般的に使われており、特に政府機関のデザインの文脈でよく使われています。これらのサービスにはソフトウェアだけでなく、非デジタルの接点（タッチポイント）も含まれています[†2]。

[†2]　日本では、UXというとデジタルデバイスだけではなく周辺も含めてすべての体験を示すと考えられているが、欧米の場合は「UX＝デジタルサービス」と限定的に考えられているため、デジタル以外のその前後や周辺のデザインも包括する場合は「サービスデザイン」と明示することで、利用者が体験するサービス全体を示すようになってきている。

場合にはいくつかの落とし穴があります。さらに心配なのは、シビックテック実践者がこの方式に安住することで、この体制であらゆる状況に対応できると思い込んだり、ソフトウェア開発があらゆる問題に対する唯一の正しい解決方法であると考えてしまうことです。もし、コンテンツ作成者をトレーニングしたり調達手順に介入したりすることが、あなたのチームが今できる最善の方法であることがわかった場合、エンジニアやUIデザイナーを中心としたチームが前進するためには、プログラム開発だけにこだわらない柔軟性が必要です。

　最大の価値を多くのユーザーやステークホルダーにもたらすために、技術、または組織的な領域のどこにチームの努力を注ぎ込むかという問題は、まさにプロダクトに関する知識と技能、そしてマインドセットから恩恵を受ける、戦略的な意思決定の一種です。優れたソフトウェアが解決できない問題は数多くあり、他の種類の仕事が解決した後にしかソフトウェアで解決できない問題もあります。戦略的な製品選定がなければ、シビックテックにおけるさまざまな取り組みを遅らせたり混乱させたりする可能性があります。政府機関の内部で働くシビックテックの担当者は、これらの決定を適切に行うためのコーチングとマインドセットの構築に多くの時間を割いています。

パートナーチームのレベルアップを図る

　政府はウェブサイトの誤字を修正するだけでも多数の承認を要すると言われているにもかかわらず、いざ開発に入るとそのプロセスは驚くほどずさんなことが多いです。運用監視は存在せず、品質保証（QA）は極めて非公式で、そういった業務は組織的な部門としては存在していないかもしれません。技術者としてのキャリアをQAに費やした私としては、QAの分野がシビックテックで強みを発揮していないことに驚きを感じます。成熟したチームでは、QAの仕事がもっと増えてほしいと考えています。けれども現状がまだこのような状況ならば、IT管理部門と仲良くなり、DevOps実践の先駆けとなるやり方を導入するように

説得する必要があります。アジャイルやその他の反復型開発モデルについても同じことが言えます。

　サービスのリリースの正確性とスピードを改善し、不具合と作業停止を減らし、次の作業者がソースコードを保守しやすくするとなると、あらゆる種類の開発作業に変化をもたらすことが必要になります。洗練された最新のソフトウェアが一見望ましいと思われます。けれどもそれは、そのソフトウェアを維持し、将来にわたって継続的に改善し続ける能力が、そのソフトウェアを扱う人たちに備わっている場合に限られます。多くの技術者は、最先端すぎるソフトウェアは、一世代前の安定したアーキテクチャやプログラミング言語で作られた堅実なソフトウェアほど有用ではないと論じています。

　では、サービス目標を変更せずに、より優れた、より安定した、より高速なソフトウェアを実現したいとしましょう。その場合、おそらく説得や調整の仕事が多くなることでしょう。そのやり方は特定の条件から広がるものであり、公共部門で求められる条件は、民間企業の技術部門で見られる条件と同じかもしれませんし、そうでないかもしれません。もしあなたが持つ経験が、効果測定や最適化など、確立された技術的手法に大きく影響されているなら、あなたが関わる政府機関が有用な定量的データを集めるには、まだ成熟度が十分ではないと感じるかもしれません。もしあなたの経験が、スタートアップ企業のようにスピードが命であり、多くの相反する課題が容易に解決され、より早く行動することが最大限の利益を生むと考えているなら、公共部門の仕事では機会を得ることや予算のタイミングなどの要因が、より大きな課題としてのしかかってくると感じるかもしれません。

　見習うべき指標として、Spotifyのチーム編成についてのよくまとめられた資料[5]や、Scaled Agile Framework (SAFe)[6]のような政府向けのフレームワークにすがりたくなるかもしれません。けれどもあなたのチームが飛躍するのに十分成熟しているかどうかを考えるために、いったん立ち止まる価値は十分にあります。

プロダクトマネジメントを浸透させる

私の経験では、政府機関で最も遅れているのは、民間企業におけるプロダクトマネジメントの分野です。これは、「プロダクト開発担当者」という肩書きを持つ人がやり残した作業を担当するような単なる作業ではなく、プロダクトビジョンを中心にチームをまとめ、技術、設計、ビジネスの各領域で対立する課題や目的のバランスをとり、どれだけ予算をかけるか、いつリリースするかを決定するという戦略的な統制を意味します。公共に提供される価値の全体を評価する場合、より優れたより速いソフトウェアを目指すだけでは不十分であり、利用者にとって役立つものでなければなりません。

　プロダクトマネジメントは、自分でプロダクト（製品やサービス）を作ることを考えていない人に直接説明するのが最も難しい「技術的」スキルでもあります。ミーティングを取り仕切り、やり残した課題を管理するプロダクトオーナーの役割を果たす人材は比較的簡単に見つけることができますが、シリコンバレーの優れた集団で実践されているプロダクトマネジメントは、ほとんど別の惑星から来たような特殊なものです。もしあなたが、そういった強力なプロダクトマネジメントを推し進めて作業することに慣れているなら、そのための環境が非常に不足している可能性が高いでしょう。であれば、エンジニアリングの改善を補完するためにプロダクトマネジメントの考え方を取り入れることの有用性を理解できるはずです。

＊5　Spotifyの組織編成は、長い間人気を博していましたが、最近になって厳しい批判を受けるようになりました。See Henrik KnibergとAnders Ivarsson「部族、分隊、支部、ギルドによるSpotifyでの組織の拡大」2012年10月、https://blog.crisp.se/wp-content/uploads/2012/11/SpotifyScaling.pdf
Jeremiah Lee「チームごとの目標における失敗」2020年4月19日、https://www.jeremiahlee.com/posts/failed-squad-goals/

＊6　SAFeは企業向けアジャイルとして設計され、政府機関では比較的一般的です。https://www.scaledagileframework.com/

これは本当に難しいことです。「プログラムマネジメント」は行政では馴染みのある言葉であり、実践されていますが、プロダクトマネジメントとはまったく違います[*7]。政府機関のプロセスのほとんどでは、ソフトウェアは社内のビジネスアナリストのグループが一緒にブレインストーミングをして仕様を決め、その後おそらく開発ベンダーによって構築され、構築担当者は仕様決定者のために働いていると想定しています。市場そのものが存在するわけではないので、市場分析はあまり重要ではなく、ユーザーに提供される具体的な価値を目標に含めることは少ないでしょう。しかし、一般市民に価値を提供したいという公務員の強い意気込みにうまく応え、ソフトウェアがその目的を達成するための柔軟な手段としてどのように考えられるかを示すことができます[*8]。

———

　確かな技術力と並んで必要な最も重要なソフトスキルのひとつは、部署名や肩書きが異なっていても、一緒に働く仲間を認め、少なくとも自分が教えるのと同じくらい仲間たちから学ぶことができる能力です。Excelで複雑な数式を扱う人をプログラミングをする人と考え、複雑な入力フォームを修正する人を人間中心デザインをする人と考えることができれば、その人たちを仲間として扱い、すべてをさらけ出しましょう。あなたの仕事のなかで、または技術コミュニティから得られる知識で、仲間たちの仕事を楽にする工夫を示せるはずです。さらに、仲間たちが直面している課題や追い求めている目標について詳しく知ることで、あなたはシビックテックに長けた、多くの人々にとって優れたシビックテクノロジストとなることができるでしょう。

[*7]　「プログラムマネージャー」とは通常上位職のプロジェクトマネージャーを意味し、複雑な相互関係性を持ったプロジェクトの管理方法を調整する役目を担います。

[*8]　プロダクトマネジメントは、デザインやエンジニアリングほど書籍やカンファレンスが盛り上がっていませんが、近年は国際的なプロダクトマネジメント組織であるMind the Productがトレーニングやカンファレンスの中心的存在として活躍しています。https://www.mindtheproduct.com

Working with
Policy

政策とともに働く

公共政策は、それだけで大きな分野であり、慣行も定まっています。公共政策に関しては、学界および政府に多くの専門家がおり、多くの論文が執筆されています。私自身を含め、多くの技術担当者は、政策について一切研修を受けたり経験を積んだりすることなく、シビックテック集団に加わることになります。企業で休暇または出張に関する制度に触れることはありますが、これらは「政策」というよりも「規則」という程度のものです。

「政策」とは、その最も具体的な定義は、法律や規則の適用方法に関する特定の行政機関の解釈のことです。最も公的な「法律、規則」から、最も公的ではない「指針*1」までが、政府が扱う統制の範囲であり、政策はその中間に位置します。

政策の2つ目の重要な意味は、より広く「政府が問題を解決したり目標を達成したりする方法」です。これには、政府機関や政治家が特定の目標を追求する（能動的）か、問題を無視する（受動的）かが含まれ、いずれにせよ、それが政策であることに変わりはありません。政治家の候補者が異なる政策を論じるときは、たいていここで示している意味での政策です。

---

*1　指針（政府機関が遵守すべき正しい方法についての提案）は公的強制力のあるものではありませんが、それに従わない場合、政府職員として問題になることはあります。しかし法律に従わないことで問題になるのとはレベルが違います。

では、シビックテクノロジストは政策のなかでどこに位置づけられるのでしょうか？　政策の専門家レベルの知識をすぐに手に入れることはできません。良いソフトウェア、良いシステムは重要ですが、それだけでは限界があります。最も重要なのは、どんなにシビックテック側ががんばっても、政策の目標を変えたり、複雑になりすぎた政策を補ったりすることはできないことです。政策の観点から公共部門の仕事に携わっている仲間を支援し、良い影響を与えるために、私たちはどこで役に立つことができるのでしょうか？

政策は実際にどのように展開されるのか

政策の世界は複雑です。しかし、担当する政権の政策目標や、政策や指針に含まれる公式ないし非公式の明示的な指示を理解することは非常に重要です。政策状況を把握することで、制約を理解し、テクノロジーで対処できないものを修正するために必要な努力レベルを見積もることができます。たとえば、法律の改正は非常に大きな労力であり、通常シビックテック活動の手の届かないところにあります。けれどもこれから策定される新しい政策や指針は、政府庁内でしっかりと説得し提案することで達成可能になるかもしれません。

その一例を説明するために、政策変更の活発な分野を見てみましょう。1995年当時、マリファナは全米であらゆる目的で違法とされていましたが、所持や使用に対する罰則は地域によって異なっていました。1970年代から、いくつかの都市や州はマリファナの非犯罪化政策を進め、それほど重罪ではない違法行為に対する公的な処分を軽減してきました。1990年代には、サンフランシスコのウィリー・ブラウン市長が明確に大麻の取締りを警察の優先事項の最下位として位置づけました。そのため、街角でマリファナタバコを吸うことは厳密には違法ですが、実際にはかなりの数の人々が捕まることを心配せずに吸っていました。政府のあらゆる組織レベルで厳格な取締り方針が存在する都市とサンフランシスコは大きく異なっていました。しかしサンフランシスコでも、連邦

麻薬取締局の捜査が入れば強力な取締りが行われ、2020年現在もその状況は変わりありません。連邦麻薬取締局の捜査を受けたら、サンフランシスコの地元の甘い政策ではどうにもならないのです。

　1996年から2018年にかけて、米国の複数の州で医療目的での大麻使用を合法化する法律が成立しました。これらの法律に伴う規則では、薬局と患者の双方に対して守るべきルールやライセンス制度が定められています。連邦当局はこれらの制度に不干渉の方針を示していますが、実際のところ大麻使用に関する連邦法は変わっていません。州の医療カードを持っており、医療目的での大麻利用が必要と考えられる人でも、連邦政府の審査に落ちる可能性があるという矛盾が残っています。

　2020年、大麻に関する法律と政策の状況はさらに複雑になっています。いくつかの州では、嗜好品としての成人の大麻使用が完全に合法化されました。また他の州では、医師の推薦を必要とするさまざまな形式の医療用使用が認められている一方、いくつかの州ではいまだ1995年の厳しい制限が維持されています。米国の各州が大麻を合法化するにつれ、さまざまな政策的問題が浮上してきました。たとえば以下のようなものです。

- 過去の大麻使用、大麻所持の前科は抹消されるべきか？　もしそうならどのようにして？
- 過去に売人として捕まった人たちが、新しいライセンスのもとで合法的な大麻ビジネスに参加する機会を作ることは可能か？
- 大麻の栽培者や製造者は、顧客にどのように販売すればよいのか？　店頭販売は可能か？　通信販売は可能か？
- ルールを破った場合、どのような取締りを行うべきか？

　習熟した政策立案者は、立案[*2]、実施、評価を含む政策の標準的なプロセスサイクルを通じて、前出のような質問に答えることができます。多くの点で、このサイクルはリーン開発方式の構築・計測・学習のフィードバックループに似

ていますが、より公的で、変化がどのように、またどの程度素早く変化してい
くかについては異なる前提を持ちます。政策立案が立法府と行政府の間で相談
されるのに対し、政策の実施と評価は、立法府の監督のもと、行政府の管轄と
なるのが一般的です。

「成果（アウトカム）」と「介入（インターベンション）」は、アジャイルやリーンの
フレームワークに慣れている人なら「ゴール」と「仮説」と同じ役割を果たすこ
とがわかる、政策検討のための重要な用語です。たとえば、私たちがダウンタ
ウン地区にもっと多くの企業を誘致したい場合（成果／ゴール）、税制優遇措置を
提供することによって実現するかもしれません（介入／仮説）。

政府は、行政府の施策を通じて、立法府の予算プロセスによって明確な資金
調達を行うことで、ほとんどの政策を実施します。施策は、政策的介入によっ
て特定の政策が成果を達成できるように設計されます。地方行政レベルでは、貧
困による食糧不足の減少、暴風雨の安全基準を満たす住宅の増加、地域ビジネ
スの強化といった目標が考えられます。国家レベルでは、移民の増加や減少、大
学進学者の増加など、より幅広い成果が考えられます。

測定指標と評価について専門知識を持つ人々は、特定の介入と政策全体の成
功に注目します。評価を担当するグループの人たちは、常に立法府に対する説
明責任を担う組織構造の一部です。評価によって成功と失敗が明らかになり、政
策のテコ入れによって解決すべき新たな問題が生まれるかもしれません。もし
あなたがデータサイエンティスト、プロダクトマネージャー、UXリサーチャー
であれば、すぐにでも最寄りの評価グループに会い、何をしているかを知るこ
とを最優先事項にしてください。彼らはあなたが目にしている問題に関して、本
来であれば厳格で学術的なリサーチを、短期的かつ形式張らない枠組みで行っ
ている可能性があります。彼らの仕事は間違いなくあなたに役立ちますし、あ

---

*2　立案段階は、しばしば議題設定と策定の段階に分けられることが多いです。

なたの仕事も彼らに役立つでしょう。

政策の実施は技術者にとって最大の機会

政府で働く技術者の多くは、立案-実施-評価サイクルのうち、政策の「実施」段階に携わることになります。もし、あなたが大麻政策について前出のような疑問を持っているのであれば、政策立案者と一緒に仕事をすることが向いているかもしれません。州や自治体は、これらの疑問に対してさまざまなアプローチをとることができ、どの施策が有効かはステークホルダーの政策目標や政策手段によって異なります。

政策の手段（てこ）によって、特定のケースでどのような介入を行うかについては、それほど具体的ではありません。「てこ」は政策の成果を達成するための手段に過ぎません。「てこ」にはインセンティブ、ペナルティ、ルール、ナッジなどさまざまなやり方がありますが、その効果は常に、いかにうまく実施されるかにかかっています。その実施方法としてテクノロジーは大きな役割を果たします。

Code for Americaの創設者であるジェニファー・パルカは、政策が完全に策定されているにもかかわらず、プロセス、ツール、あるいはインターフェイスがその成功を妨げている状況を「インプリメンテーション・ギャップ（実施のギャップ）」と呼んでいます。公共政策をライフワークとしている人々の専門性を尊重しつつ、そのような状況に取り組むことは、技術者にとって自らのスキルを発揮するための素晴らしい方法です。より良いテクノロジーの社会実装によって、政策を成功に導けるような場所を見つけることは、さまざまなレベルにおいてシビックテックの勝利につながります。

大麻による前科を抹消する政策の例では、実施に際してテクノロジーが重要

になる部分がいくつかあります。まず、抹消基準を満たす記録を探すことから始めます。これはデータベースの仕事です。この手続きは、誰かが抹消申請をすることから始まるでしょう。その場合、一般向けのUIが必要になるでしょう。あるいは、手続きが自動化されるかもしれません。その場合、より複雑なデータベース検索と自動化のためのプログラミングが必要になります。もしこの手続きに地方弁護士が関与する承認のプロセスがある場合、一般利用者向けとは別に弁護士向けのUIが必要になるでしょう。さらに、前科を抹消してほしい人や身元調査会社、あるいはその両方にメールを送る確認作業も必要になるでしょう。

これらはすべて手始めに過ぎません。シビックテックのグループは、政府機関が「大麻による前科の、過去の記録を大量に抹消したい」と考えているいくつかの都市で、まさにここで紹介したような作業を行っています。この政策の成功はテクノロジーに全面的に依存するものではないかもしれませんが、ソフトウェアやUIの実装が不十分だと政策が頓挫し、実装が優れていればさらに政策が推進されることは容易に想像できるでしょう。

とはいえ、適切な記録抹消が政府機関の政策として採用されていない場合は、これらの問題に対処するためにテクノロジーができることはほとんどありません。だからこそ、テクノロジーがどこで役立つかを確認するために、政策の微妙な違いを理解することが非常に重要です。たとえば、政府機関が一般市民に課す過剰な手数料や、手数料の重複を削減するために、技術的なソリューションに取り組んでいるとします。

- もし政府機関が手数料の引き下げを行わないという明確な方針を持っている場合、料金引き下げのための適合度チェッカーなどの設計は、単なる思考実験にしかなりません。
- もし政府機関が、ある状況下での手数料引き下げに関する政策を積極的に実施せず、手数料引き下げに関する現場の労働者への通達も不明瞭だったとします。その結果、ほとんど誰の手数料も引き下げられないのであれば、

技術面での協力と政策への協力との組み合わせで大きな変化をもたらす可能性があります。この場合、まず質問することが大切です。

- もし政府機関が、対象となる市民の手数料引き下げを優先するという明確な方針を打ち出し、手数料引き下げ資格を優先的に処理するよう現場の職員に明確な指示をしている一方で、そのための登録フォームや手続きが煩雑な場合は、大きなチャンスがあります。

- もし政府機関に新しい管理者がやってきて、できるだけ多くの対象者の手数料を下げたいと考えているなら、あなたは理想的なパートナーです。政策的な取り組みと並行して開発をスタートし、その過程で反復的な改善をしながら登録フォームの試作デモを見せることはできるかもしれません。けれどもバスケットボールのスラムダンクのように、派手に一発逆転するような大成功は少し難しいでしょう。

技術的手法はどのように適用できるか?

政策とその問題解決の可能性に興味を持つと、もっと身近な方法が役立つのではないかと思うかもしれません。結局のところ、テクノロジーも問題解決手段のひとつです。そして、政策を進めるなかで、人間中心デザインの手法やラピッドプロトタイピングの手法が役に立つ部分もあります。

政策の立案は、歴史的には高い地位にある高学歴の専門家によって行われるトップダウンの取り組みでした。これは政府の典型的な階層構造を反映しており、政策の実施は二番手、時には下位の仕事と見なされ、その間にはかなり厳しいやりとりが行われます。ウォーターフォール型の開発プロセスを経験したことのある人なら、計画から設計、実行へと作業が引き継がれることに馴染みがあることでしょう。

専門家による政策立案がすべて見直される必要があると考えるべきではあり

ませんが、トップダウン式のアプローチには、多くのユーザーに対してリリースされるソフトウェアの開発プロセスが抱えている落とし穴と、同じような落とし穴があります。大規模な政策の変更は、大規模なソフトウェアシステムを新たに稼働させることと同じような高いリスクを伴います。特に、政策が特定の集団に利益をもたらすように設計されているにもかかわらず、政策立案者がその集団の一員でない場合、ソフトウェアの設計チームがユーザーを理解していなかったり、十分な多様性を考慮していない場合と同じ問題が生じます。また、政策の介入が個人の行動に大きな影響を与えることを意図している場合、トップダウンで大規模な施策を行う工程は多くの仮定にもとづいており、高いリスクをもたらすことになります。

こうした状況から、政策を学ぶ学校や授業では、特に検証と反復的な政策設計のために人間中心デザインの手法を採用し、適応させ始めています[*3]。このような取り組みが進むにつれて、機会があればシビックテクノロジストがラピッドプロトタイピングやユーザーリサーチのような手法を、政策設計の段階で役立てることは理にかなっていると言えるでしょう。政策設計を洗練させるためのアイデアを具体化する方法として、紙やデジタルツールを活用したプロトタイピング（試作）は特に有効です。

政策プロセスのために作られたプロトタイプ（試作品）は、あくまでその場かぎりの使い捨てであるべきです。利用者である有権者にどのようにテストされ、どのように捨てられるのかを積極的に計画し、意図せずプロトタイプがそのまま使われてしまうことのないようにしなければなりません。

こういった手法がソフトウェア以外にも有効であることは以前からわかっていました。とはいえ、自分たちが馴染んでいるツールが最も有用だと考え、これから遭遇する他のあらゆるツールの代わりに馴染んだツールを使い続けたが

[*3]　2020年、ハーバード大学ケネディ行政大学院では、シビックテックのデザイナーが教えるデザイン手法の授業が複数用意されています。

るのはよくあることです。しかしそれが必ずしも良いわけではありません。ツールはそれぞれ異なる目的のために設計されているだけで、それぞれに落とし穴があります。政策決定プロセスに参加する場合、その政策では完全には対応しきれない領域（たとえば2010年代のテクノロジーツールは商業的成長を重視していました）についての知識を持っておくことが重要です。そのような意識を持ち、仕事に対する適応力を持った姿勢を維持しましょう。自分が好むやり方に固執すると解決策が脆弱になりやすく、将来の変化への適応に苦労する可能性があります。

技術政策

　シビックテクノロジストが新たな政策立案に影響を与える大きな可能性を持っている分野は、（おそらく当然であり驚くことではありませんが）テクノロジーに関する政策です。政府機関がどのようにテクノロジーを活用するのかは、単に技術の良し悪しや設計の都合で決定されるのではなく、あらゆる種類の政策の都合によって決まります。

　たとえば米国の裁判制度では、陪審員が遠隔地から出廷するかどうか、またどのように出廷すべきかは、裁判規則で決められています。ビデオ会議のテクノロジーは以前からありましたが、ただそれを配備すればいいというものではありません。新型コロナウイルスの隔離期間中に多くの裁判所が閉鎖を余儀なくされましたが、一部緊急の審議を再開するためには、単にビデオ会議システムを設置するだけでなく、裁判所の規則をそれに合わせて変更する必要がありました。もしあなたが裁判所の感染対策としてビデオ会議に賛成するのであれば、恒久的な規則変更と同時に、実現可能なテクノロジーの提案に取り組まなければならないでしょう。しかも、あなたが経験豊富なシビックテクノロジストで、適切な人脈を持っているなら、そのような変更を提案するのに非常に有利な立場にあるかもしれません。

一般の市民が公共サービスや公的な会議に参加し、市民としての義務を果たすために、どのようにテクノロジーを利用するか、あるいはしないかは、テクノロジー活用の課題と同様に政策の課題でもあります。オンライン投票の話題も素晴らしい事例のひとつです。有権者の参加率を最大限に高め（それが本当に国務長官の目標であるならば）、すべての有権者の意思を正しく記録し、投票結果を迅速に確認し、監査可能な記録を持ち、しかも地方の選挙事務所の方々に過大な負担をかけない正しいオンライン投票とはどのようなものでしょう？

　米国の選挙は州と郡が共同で管理しているため、国全体の投票方法について1つの官庁が勝手に選択することはできません。米国では過去10年間、郵便投票がますます普及しています。2012年のハリケーン・サンディによる災害や2020年の新型コロナウイルスによるパンデミックといった出来事が、従来の投票所に出向く対面式の投票を混乱させました。また、2013年に最高裁が投票権法の一部を否定したことで、それ以降すべての選挙で黒人コミュニティの住民が多い土地の投票所に長い列ができました[†1]。公正な選挙を保障する責任を負う政策立案者には、そういった状況に対する答えが必要です。

　テクノロジーは、その政策上の疑問に答える役割を担っており、政策立案者がテクノロジーの可能性と落とし穴を理解することは、すべての人の利益になります。郵便投票はローテクに思えますが、実際には複雑な住所との整合、印刷、真正性の確認、追跡の要素が含まれています。シビックテクノロジストは、郵便投票、投票所での機械による直接投票、オンライン投票の長所を見分ける手助けはできますが、重要なのは、選挙管理の課題に精通しているかどうかです。

　1990年代は、.govドメインから外部サイトへのリンクに関する規定のため、.govドメインの使用には面倒な制限がありました。そのため多くの地方自治体

---

†1　2013年6月25日、米国最高裁は、黒人の有権者登録率が著しく低いアラバマ州など南部の一部の州に残る投票の人種差別禁止を目的とした投票権法の条項が憲法に違反するとの判決を下したことをとりあげている。1960年代に公民権運動が高まるなかで、識字テストを必要とする黒人の参政権拡大を目的に65年に制定された法案。

は、民間企業やNGO（非政府組織）のウェブ情報にリンクしたいという理由で.gov
の利用を避けていました。2000年代に入り、.gov登録レジストリのアドバイザ
ーを務める技術者がこの制限を撤廃し、地方自治体のウェブアドレスに関する
ルールを標準化しました。そうして、一般の人々が.govのドメインを正規の政
府関連サイトであるかどうかをわかりやすくしました。どの政府組織レベルに
おいても、政府システムへのAPIアクセスに関する.govと似たような複雑なル
ールや運用権限の要件について助言することは、多くのシビックテクノロジス
トの得意とするところでしょう。

政策の例外と変更

テクノロジーによる取り組みの初期段階（たとえば、主にプロトタイプを構築する
イノベーションラボ）**では、政策に関する疑問を脇に置くこともできますが、プロ
ジェクトが進むにつれて、作業の継続をサポートするために政策とうまく擦り
合わせていく必要があります。**政府内部でどのように政策が機能しているかを
理解することは、プロジェクトの将来性を確保するうえで重要な事柄です。特
定の政府機関との最初のパートナーシップは（あなたがボランティアであろうと、業
務委託であろうと、従業員であろうと）、標準的な規則における例外や柔軟性のある
解釈によって可能になる場合がありますし、それはよくありそうなことです。こ
のような柔軟性は一時的なものであることが多く、特定の人物による裁量的な
例外は、新しい担当者の優先順位が異なる場合には、すぐに元に戻ります（そし
て、実際にそうなることがよくあります。新しい人物が権力の座に就き、これからは自分の
やり方を通すのだということを誇示するためにそうするのです）。

人員を特別に採用することでシビックテックプロジェクトが実施できるよう
になった場合、通常の人事構造の一環として、当該部門がそうした人員をより
長期間雇用できるようにするために何をすべきでしょうか？　試験的に公開さ
れたデータにもとづくプロダクトであれば、常に最新のデータが利用できるこ

とを確実にするために何をすべきでしょうか？　また、そのようなデータ公開
をもっと増やすにはどんな工夫が必要でしょうか？　初期のシビックテックの
成功の背景として政策的介入が大きな要因であった場合、そういった介入をよ
り正式に依頼する方法はあるでしょうか？　シビックテックの仕事は常に変革
の仕事であるため、社会にインパクトを与えたいのであれば、これらの問いに
取り組む能力を高める必要があります。

———

　**政策は多くの技術者にとって馴染みのない分野ですが、政策の専門家でなく
とも、さまざまな機関や政府レベル、あるいは民間企業で、さまざまな組織環
境での経験を積んでいることでしょう。**そのような経験を分析することで、制
限のある政策と開放的な政策の効果を明確に説明することができます。たとえ
ば、あるプロジェクトのソースコードを最初からオープンソース化し、一般の
プログラマーからの意見を集めることを可能にするという政策的介入を検討し
ている部署に対して、オープンソースソフトウェアのメリットやデメリットに
ついて説明することができます。また、デザイナーであれば、ユーザーリサー
チ対象の募集と報酬に関する公平な枠組みを考え、有権者への報酬支払いに関
する方針を通じ、その仕組みを実行に移すこともできるでしょう。

　技術屋は、慣れない分野では自分がいちばん使いやすいツールを使いたくな
るものです。しかし、政策分野では、政策パートナーの専門知識（と利用してい
るツール）を尊重し、支援を申し出る必要があります。これはシビックテックで
最も興味深い学びのチャンスのひとつです。政策、サービスデザイン、ソース
コードの繰り返しをいかに短くするかを考えているときでも、まず政策から考
えるという切り口は、私たちが解決すべき問題を理解するための最良の方法を
提供してくれます。

第 10 章

長期的な変化を生み出す

Making
Long-Term Change

長期的な変化を生み出す

過去10年間、シビックテクノロジストがますます学びを共有していくなかで、いくつかのシビックテックプロジェクトは継続的変化をもたらすものとして際立っている一方、脆くて短命なプロジェクトも数多く存在しました。シビックテックのプロジェクトが、より広い範囲に、より持続的なインパクトを与えるための決定的要素は何なのでしょうか？　現在も模索していますが、短期的な目標や手法が非常に似通っている2つのプロジェクトだとしても、まったく異なる結果をもたらすことがあります。あるプロジェクトでは、政府機関や市民団体が公共サービスを提供するためにテクノロジーを活用する能力が大幅に向上しましたが、別の同様のプロジェクトでは、ソフトウェア環境を用意できただけでそれ以上の効果は得られませんでした。その理由はさまざまあります。

私たちは政策について学び、その状況を理解する必要があることを学びました。それは良いことではありますが、私たちは具体的な改善を行うためにシビックテックの現場にいるのであり、その変化を持続させたいと考えています。何事もオープンであること、素早く対応することを新たな標準とする方向で、実務に影響を与える方法を見つける必要があります。では、シビックテックに関わる私たちはどの領域で最も効果を発揮できるのでしょう？

この章では、あなたの努力を増幅し、大きな規模で影響を与える可能性を高められるいくつかの領域を紹介します。そのどれもが難しく、限界はありますが、ここで紹介する事柄に一切注意を払わずに一過性の成功以上のものを得ることは困難です。2020年代の強力なシビックテクノロジストは、少なくともこ

れら中核となる分野の概要を認識しておく必要があります。

オープンデータ

　米国の地方自治体におけるシビックテックは、「プラットフォームとしての政府 (Government-as-a-Platform)」という考え方に大きな影響を受けています[*1]。この枠組みでは、政府は門戸を開き、しっかりと検証された政府が提供するデータをもとに構築されたサービスやインターフェイスの競争市場に誰もが参入できるようにする必要があります。

　この考えは、特に技術者たちにとって魅力的なアイデアであり、透明性と説明責任を果たすために政府のデータを公開することを目的とした、すでに進められている領域とすぐに融合しました。過去10年間に何十もの地方自治体が、「まず作ってしまえば、客は来る[†1]」という理論にもとづいてオープンデータポータルを作成しました。そういった試みを進めた人々は、有権者のために素晴らしい体験を構築しようとする技術者やスタートアップ企業です。

　たとえば、GTFS (General Transit Feed Specification) 規格で交通データを公開[*2]したことが、都市生活者に喜ばれた「電車の到着時刻」アプリにつながるなど、シビックテック初期の華々しいヒットがあったため、こうした成功を再現しようとする試みが次々と行われました。2011年から2014年にかけて、市が主催す

[*1]　これは、2010年にティム・オライリーが発表した論文に由来しています。政府は、審議プロセスだけでなく、サービスを提供して市民と対話する方法を構築することで市民の参加を促すことを提案したものです。ティム・オライリー「プラットフォームとしての政府」『イノベーション』6号（2010年）、https://www.mitpressjournals.org/doi/pdf/10.1162/INOV_a_00056

[†1]　映画『フィールド・オブ・ドリームス』のセリフ「If you build it, he will come.」に由来。

[*2]　この規格の作者の一人は、2013年のCode for Americaの本の中でその歴史的経緯について書いています。Bibiana McHugh「オープンデータ標準の先駆者。GTFSの物語」https://beyondtransparency.org/part-2/pioneering-open-data-standards-the-gtfs-story/

る一般の技術者を対象としたハッカソンが何百も開催され、公共データをもとにしたアプリの開発が進められました。そして公共データを活用した民間アプリのエコシステム全体が、とりわけ交通や天候の分野でさまざまな価値を市民に提供するようになったのです。

シビックテックコミュニティの多くの人々は、政府に対して、より多くのデータを公開し、政府が持つシステムとのやりとりを可能にするよう働きかけることに多大な労力を費やしています。2020年現在、ジャーナリストやプログラマーが利用できるデータは豊富に存在します。しかし、10年前の当時、人々が期待していたような行政サービスの発展系としての活気ある市場は、残念ながら現在存在しません。シビックテックが成熟するにつれ、オープンデータと技術力のある人材だけが必要なのではないことが徐々に認識されつつあるのです。

データセットの整形、標準化、維持管理は大変な作業であり、データの公共的な価値を高めるためにはさまざまな努力が必要なことがわかりました。サンフランシスコ市のデータ部門は、保健所による食品衛生検査の評点データからこのことを学びました。Yelp[†2]が保健所の検査結果データをAPIで取得し、レストランのレビューと併せて衛生管理の状態を表示するというデータ提携を構築したところ、Yelpのユーザーはそれを価値ある情報だと感じたのです。

データを最大限に活用するためには、プロダクトマネジメントのビジョン、政府内のコネクション、そしてデータとそれを用いて構築される公共サービスの両方を長期的に持続するための計画が必要です。組織間の調整が多くあるからといって、やる価値がないとはかぎりません。もしそうなら、シビックテックなど存在しないでしょう。特定のデータセット（あるいはデータ群の全体）を公開することが政府の役目であると主張するためには、データを最新の状態に保つためにどれだけの作業が必要になるか説明する必要があります。

---

†2　Yelp = 地図や位置情報、利用者の口コミを活用したレストラン紹介アプリ。
　　 https://www.yelp-support.com/article/What-are-Health-Score-Alerts?l=en_US

幸いなことに、データセットを公開している政府機関は、コラボレーションに対してもオープンであることが多いです。たとえ完全な「プラットフォームとしての政府」のビジョンが実現しなかったとしても、オープンデータはより深いパートナーシップのための強力な出発点になります。

調達の改善

　第6章で説明したように、調達は政府における主要な規制分野であり、しばしばその規制は腹立たしいほどです。 もし、政府にとって優れたテクノロジーサービスの獲得が不可欠でないのなら、調達の問題を放っておくように勧めたくなるでしょう。しかし、調達の問題は、政府のテクノロジーに関する課題と密接に関係しており、プロジェクトを進めるにあたって企業の助けを必要としないことはほとんどないため、否応なしにこの問題に取り組まなければなりません。

　この状況を改善するために、18Fによる連邦政府向けの調達に関するテンプレート化された手順書やハンドブック、SmartProcureやCoProcure[*3]、ジョージタウン大学ビークセンターに招集された、州の共同購入および保守プロジェクト「State Software Collaborative〔現在は「Intergovernmental Software Collaborative」〕」など、数々の取り組みが行われています。

　より優れた大規模な調達を行うには、より優れた簡潔なドキュメントを用意することが最も効果的です。可能であれば、RFI（情報提供依頼書）、RFP（提案依頼書）、および評価基準の作成を支援し、できるだけ合理化することが重要です（契約部門だけに任せておくと、契約上の問題が発生するたびに法律用語を追加し、最終的に

[*3]　SmartProcureとCoProcureは、地方自治体の調達担当者がより良い調達のために協力し合うことを支援するスタートアップ企業です。

スパゲッティコードのような細則を作成してしまうことがあります）。あなたが知っている最も良いデータ分析企業、システム構築企業、デザイン会社が、提案依頼書に応じた提案書を作成する際に、能力的に無理を感じないようにすることを目標にしてください。政府機関の契約部門と契約担当者の味方を作ることは、その後の役に立ちます[4]。

あるソフトウェア製品を扱う民間企業とつながりがあれば、政府職員がそのソフトウェアを政府でライセンス調達できるよう、要件を満たす手助けをできるでしょう。いったん調達が実現すれば、その後、政府向けのライセンスと購入プランを提供できるかもしれません。そうなれば、現場で働く多くの人がその製品を利用できるようになります。小規模のサービス提供企業側からの取り組みもあります。たとえば、米国デジタルサービス（USDS）と中小企業庁は、8(a)企業[5]がデジタルサービスの構築やコンサルティングを行うための特別な契約テンプレートを共同で用意しました。

レガシーマイグレーション： 時代遅れなシステムを移行する

政府系ソフトウェアの周辺に身を置くと、いわゆるバックエンドと呼ばれるサーバ環境の一部が古くなっていることに気づきます。 そのこと自体は悪いことではありません。私たちは皆、製品品質のソフトウェアが定常的なアップデートによって数十年間サービスを提供し続けることを望んでいるはずです。しかし、そのようなアップデートが行われていなかったり、ソフトウェアの動作

---

[4] ここで紹介しているようにするのは難しいことも多く、プログラムスタッフや外部の人間から偏見を持たれたくないため、慎重になることもあります。

[5] 8(a)は、特定の政府契約における入札競争を、不利な立場にある中小企業に制限し、優先的権限を与える中小企業局の施策です。https://www.sba.gov/federal-contracting/contracting-assistance-programs/8a-business-development-program

やサービスの提供における政府機関の対応が、現在の期待に追いついていないシステムも多数あります。

　そのようなシステムを扱っているとしたら、たとえば以下のようなことがあるでしょう。

- ウェブサイトが使える時間と使えない時間帯がある（おそらく、入力された新しいデータを反映させるために、夜間に一括更新しているため）。
- 保守対応できる企業や専門家のコミュニティが縮小しており、今後の発展の見込みがないアーキテクチャで構築されている（COBOLや一部の独自CMSのように）。

　これらが当てはまれば、レガシーシステム固有の問題があるということです。もしそれに取り組む許可とパートナーシップが得られれば、その古いシステムをよりモダンな環境に移行することは、あなたができる最善の貢献になるでしょう。

　また、レガシーシステムの移行(レガシーマイグレーション)は、最も難易度の高いプロジェクト分野のひとつでもあります。

　もしあなたがレガシーシステムの問題を引き受けたとすると、この章で紹介する他のすべての問題に遭遇することでしょう。作業に使える時間、大きな変化に対応できる政府機関の受け入れ能力、そしてリスク度合いを考慮することがとても重要です。ほとんどの場合、根本的な問題を解決するために全面的な見直しを行い、一度に大きな新システムを稼働させることが最善なのか、それとも小さな部分の差し替えを段階的に実施していくのが最善なのか、というのが悩みどころです。

　すべてを再構築し、一気に新システムへの移行を試みる「ビッグバン」方式のマイグレーションは、大規模調達や大規模ソフトウェアプロジェクトの失敗事

例としてよく見られます。「ストラングラー・パターン*6」として知られる新たなベストプラクティス（困難な選択肢の中ではベスト）は、マイグレーションに異なるアプローチを提供します。ストラングラー・パターンでは、まず小さな新しいモジュールを動かし、利用者のアクセス先を古いモジュールから新しいモジュールへ切り替え、徐々に古いシステム全体を新しいシステムに置き換えていきます†3。複雑な作業手順への忍耐と協力的なパートナーとベンダーが必要ですが、巧みに実践するかぎり、かなりの状況でうまくいくことがわかっています*7。

　とりわけ、レガシーマイグレーションのプロジェクトには、強力なパートナーシップと膨大なリソースが必要です。プロダクトマネジメント担当者が新しいアプリケーションを開発する際に優先順位のバランスをとる必要があるのと同じように、レガシープロジェクトにも各機能の優先順位づけと作業手順の調整での配慮が欠かせません。

指標と分析

　ここ10年間、民間企業は定量的な指標とそれらを活用した開発手法に大きく傾倒してきました。 しかし、政府機関では、ウェブ解析からコアサービスの評価指標に至るまで、民間企業とはまだまだ比較にならないほど発展途上のように見えます。これは間違いなくチャンスです。意思決定者が、自分たちの仮定

---

*6　ストラングラー・パターンは、ストラングラーフィグというイチジクの一種にちなんで名付けられたもので、絞首刑人（Strangler）のことではありません。

†3　ソフトウェア技術者のマーティン・ファウラーが2004年頃から提唱している方法で、ストラングラーフィグが寄生した木からじわじわと成長して本体を乗っ取ることから命名された。

*7　政府機関のレガシーマイグレーションを数多く手がけるダン・ハンは、ストラングラー・パターン方式の欠点として、「非常に整然としているため、既存のシステムにまだ必要とされている大事な機能の存在が見えにくくなってしまう」と指摘しています。

を検証する必要がある（そして実際に検証できる）ことを理解できるようにすることが重要です。また、意思決定の際にデータをより良く活用できる環境を作ることは、政府内でおなじみの「証拠に基づく政策立案（エビデンス・ベースト・ポリシー・メイキング：EBPM）」の方針に沿ったものです。しかし、現在民間企業で使われている、特にウェブ用に構築されたツールや手法を政府に直接持ち込むのは簡単なことではありません。

　近年、ウェブサイト管理について書かれたほぼすべてのものは、ウェブサイトがコンバージョンファネルモデルまたは広告支援型メディアモデルのどちらかを用いていることを前提としています。ウェブサイトを測定するための現在の製品はすべて、これらのモデルがうまく機能することをゴールとして想定しています。このような枠組みは、ウェブサイトの成功とは何なのかということについての別の仮定につながります。

- たとえば、あるサイトで最もアクセス数の多いページから妥当な推測を引き出すことができると仮定します。その際、SEO（検索エンジン最適化）が不十分であったり、ウェブページに記載されている用語にばらつきがあったり、情報設計が整理されていなかったりすると、その推論は正しいとはかぎりません。
- 民間企業の場合、ユーザーが何かを求めていると仮定しますが、政府機関のウェブサイトでは必ずしも当てはまらないかもしれません[8]。

　このような問題は、思慮深いやり方で克服することができますが、すぐに使える測定ツールや、簡単にカウントできる指標を見るだけでは、必要な情報が得られないと考えることが重要です。

---

[8]　たとえば裁判制度では、公平性は最も重要な価値のひとつです。必要な誰かが簡単に法的手続きを始められる必要がありますが、裁判所はその手続きを行うべきかどうかについて意見を述べることはできません。そのため、サイトの価値を測るためにクリック数やエンゲージメントを増やすための指標を使うことは適切ではないかもしれないのです。

主にウェブ分析またはアプリ分析から得られるデータ解析に慣れている場合、質問への回答を提供するデータをバックエンドシステムから取得することが困難であることに気づくかもしれません。レガシーシステムの初期設定の契約に、データ収集が含まれている場合とそうでない場合があり、たとえ含まれていたとしても、その後にデータ収集対応の優先順位が変更されている可能性があります。そのような古いシステムでは、分析用に追加情報を収集したり、記録方法を変更したりすることは必ずしも容易ではありません。そのため、創意工夫が要求されます。興味のある数値的要素について直接的なデータを収集できない場合は、代わりとなる指標に過度の信頼を置かないように注意してください。

　また、管理者が喜ぶよくあるプロジェクトとして、部門ごとの数値を一覧表示できるダッシュボードを作成することがあります。ダッシュボードは一見素晴らしく見えますが、それぞれのデータの構成要素の信頼性をわかりやすく表示するダッシュボードデザインはとても難しいものです。それどころか、画面上のデータの重要度や信頼度にかかわらず、すべてに同じような外見を与えてしまいがちです。もしあなたが大切なデータを扱っているのであれば、このデータ表現の罠にはまらないでください。数値指標の落とし穴や、ユーザーリサーチや有権者の自由形式コメントなど、定性的な証拠と照らし合わせる方法を明確にすれば、政府機関のパートナーたちに有意義なサービスを提供できるはずです。

ユーザー中心設計

　私がシビックテクノロジストとしてこれまでさまざまな事例を見てきたなかで最も価値のある変化のいくつかは、有権者から切り離されていると感じていた公務員たちが、ユーザーリサーチを観察し、自分たちの仕事が人々に与える影響の大きさをまじまじと見ることから生まれたものです。このユーザーリサーチという有益で活用しやすい手法は、一般の政府職員が自分たちだけでも実

施できる簡単な手法であり、リサーチとデザインの支持者になってもらえるきっかけを与えてくれます。

　デザインが必要不可欠な分野であることに疑問の余地はありません。どんなによくできたソフトウェアであっても、実際に意図した目的どおりに役立つためには、それを使う人のために、そして理想は使う人たちと一緒に、デザインするしかないのです。2020年現在、デザイン職はUXデザイナーを筆頭に、連邦、州、自治体レベルのすべての主要なデジタルサービスチームで採用されています。

　コンテンツ戦略からワイヤーフレーム作成や素早いプロトタイピングに至るデザイン分野は、外注するのではなく、政府機関内部の業務の一部となったときに最も効果を発揮します。先日、フィラデルフィア市のUXプラクティスリーダーにお会いすることができ、とても嬉しく思いました。このような常勤の、しかも業界的にも通用する役職があるということは、デザイン職がフィラデルフィア市で評価され、それなりに理解された分野であることを示しています。

　しかしデザインには限界があります。ユーザーリサーチでの観察は、それを直接目撃した人には強烈な影響を与えるかもしれませんが、ほとんどすべての種類の調査報告書は、自然と影響力を薄め、要件を変更したりソフトウェアを変更したりするよう誰かを説得する目的には力不足です。

　公務員は市民からの声に応えることに慣れていますが、彼らが通常利用するチャネルやフォーマットは非常にさまざまです。よくある例としては、パブリックコメントの場で一般市民が政治家に文句を言い、そしてその政治家が特に調査も行わないままスタッフに何かを直せと指示するような場合です。階層構造になっている組織において、このような慌てた状況になったときに待ったをかけて、正しい評価と適切な設計を行うのは、必ずしも簡単なことではありません。つまり、リサーチャーが体系化されたやり方を素早く確立できるようになればなるほど、必要とするときにツールや手法を利用できるようになるのです。

プロダクトマネージャーと同様に、政府機関に所属するデザイナーは、コーチング、モデリング（良い例の真似をすること）、そして指導に多くの時間を費やします。ほとんどのデザイン工程は、民間のハイテク企業の場合よりもゆっくりと進みますが、その理由のひとつは、「前向きな批評」という方法に多くの政府職員が慣れていないからです。実は、多くの政府職員が日常的にデザイン的な判断を下しており、その多くは良い判断です。しかし、批評とは権威と密接に結びつくものであり、高い地位にある人物に自らの批評の説明を求めるのは、時には勇気のいることです。ましてやユーザーによる評価を根拠にして、そうした人物の意見を覆そうとする場合は、なおさらです。

　これは、もしあなたがデザインの職務に就いているのなら、手本とすべき文化的な変化です。デザインという強力なツールを使って意図的に仕事をする方法を示す、唯一の方法だからです。大切なのは、自分のやり方をオープンにして隠さず、作業状況を皆がわかりやすいものにするという観点で仕事をすることです。慣れないことにイライラすることもありますが、それを受け入れることで、指導と実践を同時に行う環境を確保することができます。

機能の内製化

　取り組みによっては、常設の職位やグループを創設して最新のテクノロジーを知る人材を配属し、異なる方法でテクノロジーを活用するという持続可能な責任を示すことが、効果を示す最大の指標になるかもしれません。政府が雇用構成を変えさまざまなテクノロジー分野からより多くのスキルセットを持つ人材を取り入れるのを支援することが、シビックテックで求められるような変化を起こすための最も効果的な方法のひとつです。そのような方法は、IT部門だけでなく、プロダクトマネジメント、デザイン、コンテンツ戦略、データサイエンスなどにも適応するでしょう。

シビックテックの仕事には、通常「タレント（人材）」と呼ばれる分野があります。それは、政府の職務内容を調整し、既存の職種と必要なスキルセットを持った人との橋渡しをし、シビックテック人材と政府組織の採用担当者をマッチングさせるというものです。マッチングには創造性と柔軟性が必要です。適切な人材が適切な職種に就くことは、規模や期間を問わず、シビックテックのプロジェクトに最も長期的な影響を与えうるものです。

　ここでは、従来の民間企業の技術者の役割を、どのように政府内の役割に当てはめるかを考えてみましょう。

- ●エンジニアリング（少なくともその分野のいくつか）は、おそらく政府にとって最もわかりやすい技術スキル領域であり、民間企業に所属するエンジニアのスキルが十分合致するアプリケーション開発者の職務があります。
- ●次はデザインの職種です。ビジネスアナリストのポジションが慣習的にUXデザイナーの職種と似ている場合もあり、職務定義書_{ジョブ・ディスクプリション}を再利用できる場合があります。しかしながら、そのような非公式の変更は当てになりません。その代わり、職務タイトルを「UX」等にすることで、より重要な変化が生まれます。他のデザイン分野は明確にはなっていません。
- ●プロダクトマネジメントは、政府組織にとっては完全に新しい職種で、多くの場合コンサルタントやシビックテクノロジストメンバーによって始められます。もともとあった職種の枠組みを超えて人材が活躍することは、シビックテックにとって大きな勝利です。

　しかし、シビックテックはハイブリッドな領域であり、これらの民間企業の技術分野をそのまま適用することには限界があることを覚えておいてください。私が現在携わっているカリフォルニア州立裁判所のコンサルティング業務で最も喜ばしい変化のひとつは、ウェブコンテンツ担当弁護士の常勤職を設けたことです。裁判所のウェブサイト向けコンテンツは、弁護士が書いたものでなければ信頼がありません。しかし弁護士ではないユーザーには、平易な言葉で丁寧に書かれたウェブライティングでなければ読んでもらえません。この職種は

弁護士と一般の人との橋渡し役であり、両方のスキルを兼ね備えた人材が必要です。もしシビックテックが他に何も達成できなかったとしても、両方のスキルを備えた人材は、その組織にとって、かつ公益のための長期的な利益となるでしょう。それと、ご心配なく。シビックテックはもっといろいろなことを達成していますよ。

　キャリアスタッフのトレーニングやコーチングの機会を逃さないようにしましょう。特に、パートナー組織の人事構造の中に現代的な技術的実践を組み込む機会を逃さないようにしましょう。新しい役割を提唱したり、既存の役割をアップデートしましょう。シビックテックの仕事は、技術的な仕事であると同時に、変化をもたらす仕事であることがますますわかってきました。ここで紹介した観点は、変革の仕事を長続きさせる方法のひとつです。

伝統的な事業を発展させる

　政府機関や従来の社会的エコシステムの一部を、シビックテックの価値と実践に沿ったものにしたいと考える人々のための特別なカテゴリーのプロジェクトがあります。このようなプロジェクトは、シビックテックに初めて関わる人よりも、むしろ経験豊富なシビックテック関係者に向いているでしょう。

　あなたの市、郡、または州政府には、イノベーションラボやデジタルサービスのチームがまだ存在しないかもしれません。それらの組織を立ち上げることは、シビックテックにとって大きな挑戦であり、大規模かつ長期的な取り組みとなります。そのためには既存のシビックテックチームの実績、予算、落とし穴を熟知しておく必要があります[9]。また、行動に先立ち、ステークホルダー

---

[9]　既存のデジタルチームのほとんどはブログやGitHubリポジトリを公開しています。「オープンな環境で仕事をする」という原則は、海を越えて世界中に、そしてかなりの年月を経た今も続いています。

との関係構築や信頼構築にかなりの時間を要することも予想されます。これは
ボランティアグループを通じて行うこともできますし、関係する政府職員への
働きかけをサポートしてくれる人物を見つけるのもよいでしょう。そのために
は、幹部が誰なのか、政策の優先順位は何なのかという両方を把握する必要が
あります。ハッカソンでそのような人たちに出会えるかもしれませんが、1回限
りのハッカソンでたとえその人たちと多くの時間を過ごし、取り組んだプロジェ
クトで優勝して目立てたとしても、おそらく十分ではありません。その後に
多くの時間がかかること、そして汗をかく覚悟をしておいてください。

　これは、政府が技術チームをどのように雇用・管理するか、テクノロジーサ
ービスをどのように調達するかを変化させるプロジェクトについてのもうひと
つの有効な考え方です。どちらの分野も規制が厳しいですが、法律や政策のス
キルを持ち、強い人間関係を構築できる人であれば、根源的な変化をもたらす
ことができます。次のようなやり方が役立つでしょう。

- デジタルチームの組織構造を明らかにする。
- 最新の技術分野の人材を採用できるように職種や予算を調整する。
- 政府が能力の高い現代的なベンダーを誘致し、こうしたベンダーとの契約
  を行えるようにするために、購入規則を柔軟に解釈したり変更したりする。

　これらのどれもが政府機関をより良く変える可能性を秘めており、シビック
テック分野の他のあらゆる分野を支える非常に価値のある仕事です。

　もしあなたが、政府が利用できるテクノロジーの選択肢を改善したいと考え
ていて、とはいえスタートアップ企業の一員になるのは望まなければ、あまり
デジタル化が進んでいない従来型の政府系ベンダーに参加し、彼らがデジタル
分野でより能力を発揮できるように手助けすることもひとつの可能性です。こ
れはシビックテック分野で最も華やかな仕事とは言えませんが、やり遂げるこ
とができれば非常に影響力のある仕事となりえます。政府系ベンダーのデジタ
ル化関連契約の獲得と顧客満足の両方を支援できる人物として、自分を売り込

むのです。これを成功させるには、政府機関内で働いたという信用と実績が必要でしょう。デジタル化と顧客満足の両側面に関する知識と、デジタルトランスフォーメーションに関する過去の実績を強調しましょう。この種の能力は、社会的エコシステム全体で必要とされています。

———

　この章で説明した方法は、どれも高度なものであり、技術者としてのあらゆる立場をフルに活用することが求められます。これは私が、特権を意識し（第2章）、イノベーションとの関係を抑制（第5章）するようアドバイスしたのと同じです。強制的な変化を伴うシビックテックの取り組みは脆弱で、長期的な成功にはより巧妙な戦略が必要です。厳しい制約のなかで市民の切実なニーズに応えるには、公務員の継続的な努力と奮闘に心から連帯することがカギとなります。そして、政府機関のパートナーから「一緒に問題を解決する仲間」と思ってもらえるように行動しましょう。

　公共のミッションに連帯するということは、同じ空間で働く公務員のニーズを増幅させ、彼らの職場環境におけるプレッシャーを理解しつつある程度は受け入れていく必要があります。そのような人たちを見かけたら（どこにでもいます）、彼らが有意義な仕事をもっと簡単にできるようにし、職務により大きな広がりを与えることを使命とすることです。この心がけと、手法の1つか2つを掛け合わせれば、真の変化をもたらす大きな可能性を手にすることができるでしょう。

Harmonizing Ways of Working

働き方を調和させる

シビックテックの価値ある目標は、テクノロジーについての理解と政府の目標を相互に浸透させ、共通の目標に向かって協働的に取り組む方法を確立することです。 そのためには、できるだけ緊密に協力することが唯一の方法ですが、テクノロジーの世界と政府の世界という何光年も隔てた異世界の生物として尊重し合うだけではうまくいきません。同じ世界を共有するためにはどうしたらいいのかを見つけ出すこと、それが重要です。

私たちは皆、人間であり、集団内の仲間割れに巻き込まれやすいものです。特に技術系のチームは、一般人の能力を超えた専門的な知識や魔法のような技を持っている人たちだと思われがちです。それに対して、意識的にオープンでインクルーシブな姿勢で臨まなければ、せっかくの成果も短命に終わるでしょう。そうしなければ、より謙虚で協働的な人間になるチャンスを逃してしまいます。

働き方の文化：技術系 vs 政府系

多くの技術系社員は、キャリアのほとんどまたはすべてを、リアルタイムのコラボレーションが標準の働き方となっている環境で過ごしてきました。 どこでも使える Wi-Fi ネットワーク、ノートパソコン、そしてオンライン上で共有編集可能なドキュメントツールの出現により、現代の技術系オフィスでは以前とは質的にまったく異なるコラボレーションスタイルが可能になりました。こ

のような仕事スタイルが可能になったのは、ここ10年くらいのことです。そして、ほとんどの政府機関は2020年代風のリアルタイムコラボレーションを実現するためのインフラを備えていないため（新型コロナウイルスの影響で少しは前進していますが）、いまだ旧来のスタイルで仕事をしています。配慮さえすれば、これらの新旧2つの仕事スタイルでも連携して働くことができますが、その違いを理解し、両者の橋渡しをすることが重要です。

　現代の技術者の作業環境では、クラウドベースのドキュメント共有とデータ保存が主流であり、離れた場所からでも密接に共同作業をすることができます。人々は文書へのコメントや変更提案（エンジニアであればプルリクエストと呼ばれる変更依頼）を通じて直接コラボレーションを行うため、個々のフィードバックの間隔は非常に短くなります。人々が文書やソースコードといった成果物を扱うツールで直接やり取りできれば、コミュニケーション手段として電子メールに頼ることは少なくなるでしょう。

　2010年以前は、リアルタイムで共同作業を行うことは、無理ではありませんでしたがかなり面倒だったため、あまり行われていませんでした。一人が原稿を書き、それをメールで送ってもう一人コメントをもらい、そのフィードバックを受けて、修正した原稿をまた送るということを繰り返していました[*1]。今でもこのような非同期的なやり方が政府の職場では主流です。

　このような違いの結果、民間のハイテク企業のやり方に慣れている人にとっては、政府機関でのコラボレーションには時間がかかり、組織階層における承認や署名が驚くほど仕事の進め方に関与しているように見えるでしょう。旧来の政府の組織環境から現在のハイテク企業を見ている人は、明確な意思決定者や権限系統がなく、状況が不透明であると同時に、無責任なほど物事の動きが

[*1] 　Microsoft Wordの変更履歴機能は、このような旧態然とした仕事スタイルでの改訂と共同作業を可能にするために不可欠な機能でした。Microsoft Wordの使いづらさはよく冗談のネタにされてきましたが、オンライン共有ドキュメントが登場する以前は、文書の共同作業にとって重要な手段だったのです。

速いと感じるかもしれません。

　モダンなコンピュータ機器が比較的入手しやすいということも、技術系と政府系のオフィス文化が分かれるポイントになっています。ノートパソコンを定期的に最新機種に買い換えるにはお金がかかりますし、国民はすべての政府機関が最新機種を購入できるほど税金を提供しているわけではないため、そういった環境を整えることはなかなか難しいのです。デジタルチームにのみ最新のMacBookを支給するという一見理にかなった行為は、その周辺にテクノロジー文化固有のバブルな雰囲気を生み出す可能性があります。そうすると、節約精神のもとで長年倹約してきた他のチームから恨みを買う可能性さえあるのです。

　このギャップを埋めるには、ある程度の自己認識が必要です。もし、あなたのシビックテックグループが特別なツールを使っていて、壁にはたくさんの付箋が貼られ、スクリーンには常に数値指標のダッシュボードが表示され、机の引き出しにはたくさんのスナック菓子があるとしても、私は心配しません。それらはすべて、人を招き入れるために役立ちます。しかし、もしあなたが他の人よりも高額なノートパソコンを持ち、始業時間には毎日遅刻し、政府機関のパートナーたちと違うカジュアルな服装で仕事しているとしたら、バブルな雰囲気を生み出す危険性があるかもしれません。これは、それまでがんばってきた既存の政府組織グループを遠ざける危険性があります。さらに、その恩恵を受けている人は、同僚らの実際の労働条件から孤立してしまいます。もしこの現実を認識していないのであれば、政府機関のなかで長期にわたって真に役立つものを設計したり構築したりすることはできないでしょう。

　政府関係者は、同じ組織で、同じ同僚と、10年以上、時には数十年にわたり一緒に働くことがよくあります。このような場合、残念ながら対人関係のいざこざは長期にわたる可能性があります。これをつまらないことだと片付けたくなるかもしれませんが、そのような不満の声を真摯に受け止め、かなりの制約にもかかわらず達成することのできたチームの成果に目を向けることが大切です。政府機関は、スピード感という点では民間企業に劣るかもしれませんが、そ

れを補って余りある知恵と、長年にわたって蓄積された貴重なノウハウがあります。その知恵と技術的な創造力を組み合わせることが、シビックテックの真の進化につながるのです。

あなたが使う専門用語、私が使う専門用語

どのような職場文化にも特有の言葉があり、異なる文化同士が出会うとき、その特有の言葉を「専門用語（ジャーゴン）」と考えるのが一般的です。 言葉の使い方をめぐっての誤解やちょっとした意見の相違は、異なる背景や専門分野を持つ人々が共同作業をする職場にはつきものです。しかし「自分の使っている言葉は、数ある言葉のうちの1つであり、他の言葉より優れているわけではない」という前提に立つかぎり、こうした誤解や解釈の相違は健全で生産的なものになりえます[*2]。

　あなたが普段使っている専門用語について、少し考えてみてください。最近誰かに、たとえば「レトロのVCリンクを送って」と頼んだことはありますか？あるいは、そのような依頼が何を示しているか想像できますか？　そのような依頼を理解できますか？　「Slack」という用語はメッセージングアプリの名前ですが、「Slackする」と動詞としても使われています。「VC」は一般的には「ベンチャーキャピタル」を意味しますが、ミーティングの文脈では「ビデオ会議（Video Conferencing）」を意味することもあります。「レトロ」は「レトロスペクティブ（振り返り）」の略で、アジャイル開発のミーティング形式のひとつです。このことを知らなければ、100％理解できないでしょう。こういった用語を使うことは悪くはありませんが、用語を理解するためにその業界知識の有無に依存してしまうと、共同作業がはるかに難しくなります。もし誰かが「CJの将来報告書にもとづいた23-24年のBCPについて」と話したとしたら、あなたも同じように

[*2]　特定の問題を扱う作業指示用の言語は、その問題を誤解なく扱うための、より正確な、または完璧な言語構造を持っています。

混乱するでしょう*3。

　また、同じ言葉でも、使う人によって意味合いが異なる場合もあります。その際にも問題が生じます。Code for Americaで、あるプロジェクトで自治体のパートナーに提案する際に、「lightweight（軽量）」という言葉を使ったのですが、これは誤解を招く最悪の使い方でした。私たちは、無駄がなく、メンテナンスに頭を悩ませることもなく、無理せず持続可能であるという意味で「lightweight」と表現しましたが、パートナーは「lightweight（軽量）とは、堅牢ではなく、真剣ではなく、必要な時期にすべてを間に合わせることができない」という意味で言葉を受け取っていたのです。このことに気づいてお互いの誤解を解くまでに2週間もかかりました。

　たとえば漁業管理に携わるパートナーと協働する場合は、漁獲量、測定方法、操業許可などに関する正確な漁業用語を学ぶ必要があります。また、アジャイル開発におけるスプリントのような新しい手法を導入する場合、その語彙をパートナーに教えておく必要があります。あなたも政府の調達部門が使う用語に戸惑うこともあるかもしれません。しかし、こういったコミュニケーション上の支障は予測できるものであり、前もって用語の意味や使い方を伝え合っておくことで解決できます。

　馴染みのない言葉の語彙や用法について質問することは、誰からであっても歓迎するというチームの規範を設けることは、とても良い出発点です。さらに、全員が書き込めるチームの用語集を作成するとよいでしょう。しかし最も重要なのは、パートナーが使っている用語を受け入れるというオープンな姿勢と、自分たちが使っている用語にこだわりすぎないことです。

---

*3　最高裁長官（Chief Justice）の将来報告書にもとづく2023-24年の立法府予算工程の予算変更案（Budget Change Proposal）。

仕事におけるインクルージョンのテクニック

生産性向上を目的としたテクノロジーの世界では、不慣れな環境、あるいは違和感のある環境のなかで自分の力を発揮しなければならないことがあります。 もしあなたが異なる技術スタックや環境に適応する経験を積んでいるのであれば、その適応力を発揮して、パートナーのいる環境に適応することには非常に価値があります。新しい技術的手法に対応するために変化することは、すべての人によってよりインクルーシブな仕事環境を実現します。

Slack、Google Docs、ビデオ通話に慣れてしまっている人は、電子メール、Microsoft Wordの変更履歴、電話会議などへと、コミュニケーションの方法を組み立て直す必要があるかもしれません。電子メールをフォーマルな手紙のように使い、軽い気の利いた結びの言葉ではなく、（軍隊出身者であれば）「v/r（very respectfully）」といったかしこまった言い方でメールを締めくくるような人たちと一緒に仕事をすることになるかもしれません。

仕事におけるインクルージョンのテクニックはシンプルであり（必ずしも簡単ではないですが）、そのほとんどはコミュニケーションにまつわる作業、特にミーティングに行き着きます（現在のハイテク文化がミーティングを一般的に効率の悪いものだと言っているかどうかは別として）。私がシビックテックに携わってきたなかでの、これらのテクニックのほんの一部を紹介します。

- デザインに関する意思決定が必要な人たちのためのオフィスアワー〔議題を決めずに決まった時間に開催される相談会のようなもの〕を開催する。
- 技術的なトピックについて講演者を招き、食事会や勉強会を開催する。
- プロジェクトの意思決定の場や、外部有識者とのミーティング（アドバイザリーボード）に参加する。
- ウェブライティングやCSSなどの新しい技術を学ぶための勉強会を立ち上げる。

- プロジェクトに関係する幅広い協力者に向けて毎週メールマガジンを配信する。
- GitHubに慣れていないパートナーに、文字入力だけで貢献できる方法やプルリクエストを提出する方法を教える。
- ユーザーリサーチセッションに政府機関のパートナーを招待する。

　ここで紹介したことと同じようなテクニックを使い、あなたの身近な人たちや、それ以外の人たちにも、あなたの知見をオープンにする方法を考えてみましょう。

硬直性と階層性

　最も注意しなければならないのは、パートナーが柔軟で協力的な方法で仕事をするスキルを身につけられるよう手助けしているのか、それとも別の融通が効かない手順を用いているのか、ということでしょう。

　政府機関における硬直性は、すでに述べたような技術的な不一致の影響もありますが、政府のチームが階層的で部門ごとに分離された構造になっていることに起因します。政府機関では、部門横断的な開発チームはまれな構造です。従来、プログラムスタッフはITに関りませんし、ITスタッフもプログラム（施策）には関わりません。典型的なプロジェクトでは、CIO*⁴がベンダーと協力して、プログラムグループが求めるものを開発することもありますが、密接な関係性はなく、ギブアンドテイクも多くありません。

　上記の例では、開発ベンダーのメンバーは、おそらく他の部門のメンバーと

＊4　最高情報責任者(Chief Information Officer)は、IT部門のトップとして一般的な肩書きです。これに対しCTO(Chief Technical Officer)は、政府機関ではあまりない珍しい役職です。

同じ場所で仕事をしてはいないでしょう。そこで扱う開発プロセスは形式ばったものであり、要件定義書、変更要求、および受け入れテストに従って進められるでしょう。シビックテクノロジストは、期待するさまざまなプロセスを非常に明確にする必要があります。シビックテクノロジストがフィードバックを求めてプロトタイプを作成したところ、開発ベンダーがそれをそのまま受け入れ、彼らのあいだだけで共有された一時的な対応策で対処するのを何度も目にしてきました。これは、「一度決定したものは変えられない」「管理者層の支持を得た人を批評するのは危険だ」という思い込みでチームが行動している場合に起こります。このような場合、シビックテクノロジストチームは、変更がいかに簡単であるか（デモとしてその場で更新や変更を行うと効果的です）、そして正直な批評がどんなに歓迎され、必要とされているかを伝えなければなりません。

　厳格な工程（およびそれに従わない場合の罰則）に慣れている組織では、ここで紹介するやり方を採用するだけで、非常に簡単に罰則と恐怖心を回避することができます。こういった組織では、地位の低い従業員が提出物や依頼書を作成し、その書類を地位の高い従業員がレビューまたは承認することで手続きが進むでしょう。このような状況では、レビュアーに仕事を見せるのは恐ろしいことです。レビューされる前に、できるかぎり考え抜かれた仕事をやり尽くす必要があります。このような関係性では、レビュアーの仕事は真のコラボレーションとは見なされません。適切な評価や指摘を与える代わりに、「はい」「いいえ」「もう一度」と答えるだけかもしれません。

　一方、仲間同士が初期段階の草案^{ドラフト}を見せ合い、早い段階で間違いを発見して喜ぶ環境も存在します。先に紹介した硬直化した環境と、これほど動機づけが異なることはないでしょう。現代的な手法やツールは共同作業をサポートしますが、ただそれだけでは変化を生み出すことはできません。初期段階の未完成な仕事を共有することから、間違いを発見することに喜びを見出すこと、異なる分野のメンバーを長期にわたって加えることまで、すべてをモデル化して示す必要があります。これは、働く文化を変える挑戦であり、困難で時間のかかるものです。

———

　もしあなたが過去数年間、多くの部下の献身的な働きによって支えられたリアルタイムコラボレーション環境で仕事をしてきたのなら、リアルタイムで仕事を進める余裕がない環境、あるいは多くの違和感を抱えながらリアルタイムの共同作業へ移行している環境でコラボレーションしようとすると、完全に投げやりになってしまうかもしれません。私にとって重要なのは、さまざまな部署のさまざまな分野の人々が、オープンでリアルタイムな（あるいは迅速なやりとりによる）コラボレーションを行うという働き方へのシフトです。生産性向上ツールがそれらを可能にするために役立っていることを認識していますが、ツールだけがすべてであるとは思っていません。

　もしあなたが、今あるツールを使って効果的な分野横断的コラボレーションの模範を示し、より多くの人を参加させることができれば、利用するツールを流行りの最新ツールに変更する前でも、こういった変化を生み出すことができます。そのためには、自分の好みではないツールを受け入れて使う謙虚さと、コミュニケーションの密度を上げる工夫が必要です。政府機関で働く特権があるなら、それは最も価値のある、長く価値が続く仕事です。

The Allies
We Need

第 12 章

私たちに必要な味方

ほぼすべてのシビックテックプロジェクトが長期的に成功するためには、市民団体からの支援やパートナーシップが必要です。 つまり、パートナーや提携先を積極的に探し、自らが強力なパートナーや提携先になるための投資を行うことが、シビックテック実務家としての仕事の大きな部分を占めることになります。プロジェクトリーダーや上級職の人はパートナーシップの主導権を握りますが、チームメンバー全員がパートナーシップを強固なものにする役割を担っています。

本質的には対立する観点から、特定の種類のシビックテックプロジェクトを始めることは可能です。政府のシステムやインターフェイスを批判したことがきっかけで、それを改善するように誘われたことが何度かあります[*1]。しかし、プロジェクトのある段階では批判から始める戦略を選択したとしても、後々のパートナーシップの可能性を除外せずに批評を行うことは非常に良い考えです。つまり、言葉遣いを丁寧にし、余計な意図や知的能力について批判しないこと、そして批評を公共サービスやスチュワードシップといった重要な価値観と明確に関連づけることです。これを慎重に行うことで扉を開くことができますし、それが真のゴールです。そして、ほとんどの場合は相手を友人だと考え、丁寧にその政府機関に接するのがいちばん良い手段です。

[*1] たとえばCode for AmericaのGetCalFreshプロジェクトは、既存の手続きとの違いを示すことを目的とした「ゲリラ的な」代替インターフェイスとしてスタートしました。

この章では、さまざまな種の味方について、それらがシビックテックプロジェクトにどのように役立つのか、そしてそういった味方との関係を確保し維持するためには何が必要なのかを考察します。また、リスクを伴うタイプの味方や、どの程度親密になるべきかを検討する方法についても触れます。

幹部との戦略的提携

多くの人は、提携における重要な要素として、幹部からのサポートをすぐに思い浮かべることでしょう。 しかし私にとって幹部からの支援は、「必要ではあるが、十分ではない」と言える要素です。幹部から強力な支持を得るか、あるいは少なくとも幹部からの寛容さがなければ、シビックテックが発展を遂げることは非常に困難です。けれども、高いレベルの支持を得るためには、政府の指導者の政治的な性質に注意することが重要です。

幹部の政治的地位を考慮に入れて作戦を計画しましょう。現政権が勝つかどうかわからない選挙が目前にせまっている場合、以前の選挙で選出された政治家と密接に関わりたいとは思わないものです。なぜなら、新政権が誕生すると、多くの部門トップが、新政権の息のかかった新しい人事に切り替わるからです。新政権が誕生すれば、多くの部局長が交代し、前政権が得意としていた政策が通用しなくなる可能性があるのです（選挙が近くなると新しいことを始めるのが難しくなるのは、このためです）。

次の選挙までに数年の時間的猶予がある場合や、現政権の再選が有力視されている場合は、トップレベルの行政官の支持を求めることが理にかなっている場合もあります。選挙で選ばれた、あるいは任命されたリーダーにシビックテックの目標を優先してもらうことで、その目標が大きく後押しされます。十分な時間があれば、将来的には（政権が変わったとしても）その施策の中止が難しくなるくらい結果を示すことができるかもしれません。

このような計算を踏まえたうえで、政府機関のトップの信頼と支持を得るには何が必要なのでしょうか？　自分のことを技術者だとは思っていない人たちと付き合わなければならないことに注意しましょう。連邦政府のCIOの中には、技術系ではなく法律や政策系の出身者も少なくありません。

　テクノロジーそのものに興味がない人たちにも理解できるような言葉で、あなたの仕事を売り込むことができれば、政府組織幹部との連携は容易になります。そのようなリーダーたちは、あなたの提案が政策目標や戦略とどのように適合しているのかを見ています。プロダクト、デザインといったシビックテック的な目標を、政策目標の達成、業務効率、リスク管理といった言葉と一致させる必要があります。また、完璧なアジャイルやリーンの環境で行うよりも、より明確なステップバイステップの計画を作成する必要があるかもしれません。もしあなたが、こういった計画の立て方を、プロジェクトの開始を妨げる前触れではなく、単に作成中のドキュメントを相手にわかりやすく翻訳し続ける作業なのだと考えることができれば、あなたはまだまだ迅速に行動できる余地があります。

　このことを、自分の主義主張に逆らって妥協していると考えてはいけません。非常に重要なステークホルダーと、彼らのいる場所で出会うということです。また、テック企業よりもフォーマルなかたちで提案や計画をプレゼンしなければならないかもしれないので、必要とする幹部からの支援を獲得するためのプロジェクトでは、ある程度の時間をかける覚悟をしておいてください。またプレゼンの際、他とは違う、新しく革新的な印象を与えることも勝利につながります。多くの政府機関の幹部は目新しさを好みます。より質の高いグラフィックや図表といったシンプルな発表資料が、プレゼンの成功を後押しするでしょう。

社会的つながりを多く持つ、中堅クラスパートナー

　幹部層からの支援（あるいは少なくとも忍耐）が得られれば、シビックテックの道が開けますが、それだけでは十分ではありません。2016年に18Fでデジタルトランスフォーメーションについての調査が行われました。その際明らかになったのは、イノベーションの取り組みを持続させるための重要な要因は、組織内のつながりを多く持つ中堅キャリアスタッフによる積極的な支援であることがわかりました。

　それは、プログラムマネージャー、シニアアナリスト、管理職などの役職に就き、10年、15年と長期にわたって勤続している人たちです。そういった人たちは、組織の上層部からも現場からも信頼されているという、他にはない独特の立場にあり、組織やプロジェクトの歴史的経緯について豊富な知見を持っています。現場の職員たちは安心して悩みを打ち明けることでき、幹部たちは新しい施策がどのように活用されているかを確認したり現場の本音を聞き出すことができます。こういった職位にある強力なソーシャルスキルと関心を備えた人は、外部の委員会に参加したり、他の部門や政府機関に一時的に発足する「特務・特命」と呼ばれる業務を引き受けたり、気軽に友人の輪を広げる傾向にあります。このような人が一人でも二人でもアクティブなパートナーになってくれれば、すべての事柄が可能になってきます。

　こういった人たちをどのように探せばよいのでしょうか？　ひとつには、あなたが探している人は好奇心旺盛で、すぐには業務に関係がなかったとしても、シビックテックの仕事について聞いてくる可能性があります。彼ら彼女らは、何らかの委員会、ウェブ担当者の勉強会、特定分野の読書会などを運営している可能性が非常に高く、おそらくそういった集まりを同時にいくつも運営していることでしょう。私は、GSA（米連邦政府一般調達局）で特に難しい官僚的な課題に取り組んでいるときに、このような人たちに出会ってきました。私と政府機関のパートナーはそのプロジェクトでかなり行き詰まっていたのですが、ある

日、「まずはアンジェラ*2に会ってみれば？」と言う人が現れたのです。アンジェラは、私たちが以前シビックテックプロジェクトを紹介したミーティングに出席しており、その時は特に期待していたような成果は得られませんでした。けれども、アンジェラが知り合いの政府関係者たちに「このプロジェクトには価値がある」と宣伝してくれたおかげで、急にいろいろな人たちが話を聞いてくれるようになり、物事が動き始めたのです。

　運が良ければ、そのような人は、すでに新しいことに取り組みたいと手を挙げており、シビックテックプロジェクトの発足式などで出会うことができるでしょう。そこで意気投合せずとも、「誰かご存知の［部署／官庁／局／市］の担当者に紹介してもらえませんか？」と聞いてみることです。そこからつながりやアイデアが浮かんでくるはずです。

　こういった人を見つけたら、今すぐは無理でも、潜在的な味方として挨拶し、自分のプロジェクトについて話しながら、どうつながりを持てるか考えていきましょう。食事会や勉強会、または委員会などへのプレゼンの機会をもらった場合には必ず同意しましょう。シビックテックチームが必要だと考える集まりには必ず出席し、そこでの政策や現場の動きについて、一言一句聞き逃さないよう耳を傾けましょう。

　ころころと変わる上層部の幹部たちとは対照的に、こういった顔の広い人物は、新しい政権が誕生してもその場に居続けます。そして新政権への移行が、どういった観点で、どう迅速に実施されるのかといった事柄について驚くほど大きな影響力を持つことになります。このような中間管理職にある献身的な公務員が支える小さな実務のシフトが、シビックテックにとって大きな成果を生むことがあるのです。

---

*2　アンジェラは実名ですが、名字は伏せておきます。もしプロジェクトを成功に導いてくれたアンジェラがこの本を読んでくれたとしたら、今でも感謝していると伝えたいです。

法務／コンプライアンス部門の仲間たち

コンプライアンス部門や法務部門に務める同僚たちは、あなたに厳しい質問を投げかけ、誠実さを求め、現在の状況とその背景にある理由を説明することができる貴重な味方です。 透明性と信頼にもとづいた関係を築くことができれば、シビックテックの仕事を進めるうえでの多くの障害を取り除くことができるでしょう。早めにアドバイスを求め、無視することはしないようにしましょう。

コンプライアンス担当の同僚は、部門横断的なチームやアジャイル的な開発全般において過小評価されがちですが、プロジェクトに参加してもらうのは早ければ早いほどよいです。「この開発プロセスの一部をオンラインで公開しようと考えているのですが、注意すべき法令はありますか？　調べておくべきリスクはありますか？」など早い段階でアドバイスを求めましょう。プロトタイプの作成、そして最終的な公開に向けて新しいバージョンを作るたびに、彼らのフィードバックに耳を傾け、意見を聞き続けましょう。

彼らに、完成間近のプロジェクトを初めて見る最終レビュアーのような立場は求めてはないし、法的問題を指摘されるのは嫌なことでしょうが、正直なところ彼らもそうなりたいとは思っていないはずです。各ステップにおいて、彼らの確認もプロセスの一部にすれば、より詳細な高いレベルでのアドバイスを得ることができます。最終的な公開直前の段階では、サプライズは何もなく、最終版に関する彼らからの質問も不意打ちにはならないでしょう（実際、問題があれば途中段階のどこかで指摘されているはずです）。

また、法務やコンプライアンス担当者のサポートがあれば、新しいことに神経質な人がよく言う「興味深いけど、法的な確認はしましたか？」といった質問に対抗できる立場になれます。法務やコンプライアンス担当者のサポートがあれば、「はい、法務担当者がプロジェクトの最初から参加しています。とても素

晴らしいパートナーです。最新の確認書をお送りします」と自信を持って答えることができます。プロジェクトを何ヶ月も遅らせたかもしれなかったことが、突然まったく別の話に変わってしまうのです。

何よりも、法務／コンプライアンス部門の責任者に連絡するのを遠慮してはいけません。誰に相談すればよいかを確認し、素早くミーティングを設定して関係性を築き、法務やコンプライアンス側のニーズを理解することが大切です。

政府外のパートナー

政府は市民社会のエコシステムの一部に過ぎません。あなたがそのプロジェクトのために政府の内部または外部で活動する予定があろうとなかろうと、施策に関係する外部の支援者と話し合う価値は十分にあります。非政府組織(NGO)は、法的支援、食糧援助、医療などの分野で市民にサービスを提供することに深く関わっています。また、NGOは政府の施策の参考になるデータを収集し、改善のための提言を行う重要なパートナーでもあります。

支援団体の中には、法やその他の手段で明確に政策の変更を要求するものもあれば、現行の規則の範囲内で市民にサービスを提供するために活動しているものもあります。彼らはあなたのソフトウェアが表現しようとしている政策の落とし穴を知っているかもしれませんし、関係のある政府高官に支援を求めることができるかもしれません。しかし、その前に、あなたのプロジェクトが時間や政治資金を費やすのに値するものであることを示す必要があります。まずは彼らにプロジェクトを見せる準備をしてください。

ここでは、プロジェクトに参加する可能性のある主な外部パートナーについて説明します。

- あなたの地域の行政サービスを補完するNGOのスタッフは、市民が何を必要としているか、あなたの機関がどの程度市民にサービスを提供しているかについて多くの意見を持っています。組織と友好的な関係にあるか敵対的な関係にあるかにかかわらず、彼らと話をする価値はあります。ただし後者の場合は、機関内のステークホルダーに事前に通知するようにしてください。
- コミュニティグループは、あらゆる種類の歴史的背景を共有してくれます。リサーチを行い、貢献したいとあなたが考えている人々へのコンタクトをサポートしてくれるでしょう。
- 公共図書館の職員は、市民が疑問に思っているありとあらゆるテーマについての質問に答え、人々が資料を見つけるのを手助けしています。また図書館という清潔でADA（障害を持つアメリカ人法）に準拠した空間を利用することができ、許可を得てユーザーリサーチを行うことができます。

より具体的な例として、法律業務をめぐる状況を見てみましょう。米国のほとんどの裁判制度では、各裁判所は司法・行政の独立性を保っていますが、中央政府の規制設定機関が存在します*3。裁判所は議会から予算配分を受けますが、出願料やその他若干の手数料を徴収しており、司法は形式上、政府の独立した部門です。当然ながら裁判所職員や法廷職員との連携は重要です。

しかし、法律の世界には他にも多くのプレイヤーがおり、もしあなたが裁判制度のシビックテックに関わっているのであれば、法律の周辺分野で働いている以下の人々とのつながりがあると助けになります。

- 法律扶助組織：直接法的サービスを提供し、政策を擁護する独立した非営利団体。
- 州の弁護士会：弁護士資格の付与、政策への提言、およびプロボノ弁護士

---

*3　州によって、アメリカ合衆国裁判所事務局や法務協議会といった名称で呼ばれます。

の紹介を行う。

- 法律図書館：弁護士や一般市民に法律関係の資料を提供する専門図書館。法律により設立された独立した非営利団体ですが、通常は地元の裁判所と密接な関係があります。
- 立ち退き、家庭内暴力、債務訴訟など、特定の法的問題を抱えた人々を支援する非営利団体。
- より一般的な「司法へのアクセス」に重点を置く団体：法的な問題を追及するための、デジタルを利用した手段を扱うことが多い。

プロジェクトや戦略によっては、ここで紹介したどのグループも、またそれらの類似グループも、貴重な味方になるはずです。こうした団体とつながるには、カンファレンスに参加したり、訪問したり、短めのプレゼンテーション資料を用意することが必要になるでしょう。その活動のどれもが、多くのことを学び、すでに活動している人々を支援することができます。

いずれの場合でも、あなたの倫理的および互恵的な義務について考えてみてください。あなたがそのコミュニティのメンバーでない場合、ここで紹介した団体の一部は、最初はあなたとシビックテックに対して懐疑的かもしれません。あなたは、彼らのニーズに常に気を配ってくれる信頼できるパートナーであることを示す必要があります。このことを示すために、あなたができる簡単なことをいくつか紹介します。

- 早くから行動を開始し、何度も集まりがあることを考慮しておきましょう。彼らがあなたのところに来ることを期待するのではなく、どこで活動していようと彼らのところに出向くことを申し出ましょう。
- たとえばユーザーリサーチを行う場合は、事前にすべての質問原稿と集計計画を共有しましょう。そしてリサーチ後には、集計したデータと、リサーチから何に気づいたかを正確に共有しましょう（その際、団体のステークホルダーを招待し、一緒にリサーチ結果の整理に参加してもらうとなお良いでしょう）。
- プロトタイプを作成するのか、プロトタイプが何を示すのか、明確にしま

しょう。あなたやあなたのパートナーが、できるかどうかわからない裏付けのない約束はしないようにしましょう。

● 団体のメンバーと情報や技術的なスキルを共有することを申し出てみましょう。GitHubのリポジトリがあれば見せて、興味を持った人が参加して貢献できるかどうか試せるよう手助けしましょう。

● 最高に行儀良く（感謝や優しさを示すことはとても大切ですよ！）。

広報と報道

　自由な社会の柱のひとつは、権力を調査し、真実を伝える言論の自由を持った報道機関の存在です。 記者は常に政府について記事を書いています。あるときは政治的な視点で、誰が何に勝っているか、どんな議論がなされているかといった記事を書いています。またあるときは批判的な角度から、たとえば公的予算の使い方や、サービスデリバリーがうまくいっているかどうかを書いています。記者は、私たちシビックテクノロジストが解決できると信じている政治的問題を明らかにすることができますし、シビックテックの間違いも明らかにすることができます。これらはすべて良いことです。

　技術者の多くは業界紙に話を売り込むことに慣れており（もしくは会社の広報部門が売り込んでいる）、そして業界紙はスター技術者には甘いものです。IT系メディアは数々の重要なスキャンダルをとりあげてきましたが、大手IT企業のプレスリリースをそのまま無批判に報道することもあります。また、地方紙は、調査報道という役目に加え、地域の市民団体を後押しする役割も持っています。しかし、多くの政府職員はこのような報道機関を活用した広報活動の経験には馴染みがなく、むしろ監視の役割を果たす報道機関に対し不公平だと思うことが多い事情に注意しなければなりません。

　報道機関は、あなたが解決しようとしている問題に光を当てたり、利用開始

した新しいサービスを一般市民に知らせたりするうえで、味方になってくれる
かもしれません。報道機関に問題をとりあげさせることは、政策に影響を与え
るためには重要な手法です。けれどもシビックテクノロジストとして積極的に
そうしすぎると、政府機関にいる味方を不信に陥れることもあります。これは
敵対的アプローチの範疇に入るので、慎重に扱う必要があります（知らなかった
ルールを破って、スキャンダルとしてメディアにとりあげられた経験があるならば共感でき
るかもしれません）。

　政府機関内で仕事をしているのであれば、自分の所属機関を担当する記者と
良好な関係を築くことは良い習慣であり、そのためには広報部門やその担当者
との密接な関係性が必要です。広報担当者は、担当分野に関する質問を気軽に
あなたに問い合わせたり、シビックテックに関する記事を前面に出したりした
いものです。広報に関する部署があるならば、広報担当者を避けて広報活動を
するべきではありません。

　また、広報部門と連携して、サービスの開始時や更新時、あるいは不慮のサ
ービス停止時に報道陣の注目を浴びる可能性に備えておくことも有用です。シ
ビックテックのチームの仕事がどのような問題を解決し、それがどのように有
権者にとって便利なものとなるか、あるいは政府機関にとって現状よりも効率
的なものとなるかについて、箇条書きでもよいですし、完全なプレスリリース
でもよいのですが、常に用意しておくと、とても良いシビックテックの資産に
なるでしょう。また、一緒に働くキャリアスタッフのリーダーシップや役割を
強調するのにも最適です。報道機関は、シビックテックが作った最新技術を活
用した美しいデザインのサービスを実現するために、資金獲得や政府機関から
の支援を得るうえで費やした長くて大変な作業を過小評価する傾向があります
が、関係者全員で成功を祝うことは、良い仲間意識を生み出すことになります。
公共の目的のために紡ぎ出したストーリーテリングは、他のシビックテックチ
ームにとっても有益なものとなるのです。

「早く行きたければ一人で行け、遠くへ行きたければみんなで行け」というア フリカのことわざがあります。 シビックテックは、まさにその事例です。小規 模で孤立したグループでも、価値あるプロトタイプを迅速に構築し、シビック テックで「可能なことを示す（showing what's possible）」最初の一歩を踏み出すこ とができます。しかし、社会に持続的な変化を起こそうとするとき、「必要なこ とを行う（doing what's necessary）」には、得られるであろうすべての提携関係を 求めることが必要です。尊敬の念、透明性、そして親切心は、そうした関係を 築くのに大いに役立つはずです。そして、どのような技術を利用するプロジェ クトであれ、提携を結ぶことはシビックテックの仕事の一部であると考え、十 分な時間とエネルギーを費やすことを考えるべきなのです。

働くペース、リスク、自己管理

Pace,
Risks,
and Self-Care

働くペース、リスク、自己管理

　これまでの章で学んだことがひとつあるとすれば、シビックテックの仕事は本当に大変だということです。魅力的で、やりがいがあり、素晴らしい仲間に恵まれますが、本当に大変な仕事なのです。私はシビックテックの仕事を、政府がテクノロジーをツールとして使い、国民により良いサービスを提供できるようにするための、50年間にわたる協働プロジェクトだと考えています。50年というのはとても長い時間です。どのようなシビックテックプロジェクトであれ、あなたはその50年という時間の一部と目標の重要さの一部を背負っていることになります。

　ほぼすべてのシビックテクノロジストは、技術的な専門分野だけでなく変革の仕事も行う必要があり、変革の仕事をうまくやるのは非常に骨が折れます。日々の仕事には、締め切り、チームとのやりとり、細々とした問題解決、両立できないバランスが必要な課題といったストレスが常にあり、そして多くの場合、民間企業よりも複雑な、政府機関ならではの組織的なしがらみの中で舵取りをしなければなりません。

　シビックテックにおける長期的な勝利には、多くの場合、短期的な損失がつきものです。どんなに実績があるチームでも、戦いに敗れ、プロジェクトが失敗することはあります。たまに大きな失敗をするだけでなく、小さな失敗や部分的な成功もかなりあるでしょう。敗北はしんどいものですが、その失敗から教訓を引き出し、コミュニティ内で共有することができれば、コミュニティは前進できます。そのためには、あなたの個人的なリソースが必要です。

シビックテックの仕事をするうえで準備すべきリスクについて考え、ペース配分と個人の持続可能性について計画を立てることには価値があります。この章は、あなたが最初のシビックテックプロジェクトを始める前に読んでいても、あるいはその15年後でも、リソースと能力を維持する方法についてじっくりと考えるための情報を提供します。

ペースと期間

　社会的な救援活動、フェローシップ、あるいは政治キャンペーンに参加する場合、そのプロジェクトには終了期限があることをあなたは知っています（ただし、救援活動の場合、いつ終了するかは正確にはわからないかもしれません）。 その間どれだけがんばるかは自分で決められますが、その作業が普段の生活や仕事よりも負担になることは想定しておいたほうがいいでしょう。2013年にHealthCare.govの救援に携わった人たちは、1日に15時間の労働を数ヶ月間続け、その参加者の多くが身体的・精神的な健康被害を経験しました。このような長時間労働を受け入れる場合、特別なサポートやケアが必要になることを認識しておいてください。どうやってそういったサポートやケアを得ることができるかを考えてみてください。これまでセラピストやコーチングを行うコーチと組んで仕事をしたことがなかった人は、そうしたいと思った今が良いタイミングかもしれません。ストレスによって悪化する体調不良や精神的な問題に対処するため、事前に計画を立てておくことには価値があります。

　対照的に、政府の仕事のなかには、週40時間（それ以上でも以下でもない）に制限することで、1日15時間の労働から人々を守る安全装置（フェイルセーフ）のような規則が組み込まれている場合もあります。このように、仕事量にばらつきがあり、うまく対処しづらい場合、それ自体がストレスになることもあります。働き手には、リリース直前は週55時間働くけれど、物事に動きがない時期は週25時間しか働かない、という具合にバランスをとるという選択肢はありません。しかし、特に

一緒に働く人たちが皆そうしているなら、週40時間働くリズムをしっかり守ることは賢い選択と言えるでしょう。

ベンダーや政府との直接契約による仕事は、通常こういった時間的制約を受けることはありませんが、契約によっては、請求可能な時間に制約がある場合もあるでしょう。私は、短期的なミッションの実現がとても重要な場合、請求できない時間以上に働いてしまうことがあります。これは絶対にやってはいけないことです。優れたデジタルワークがどれだけの労力を要するかについて政府が過小評価することは、シビックテックの長期的な目標に資するものではありません。シビックテックの目標は、あなたの現在のプロジェクトが成功することだけでなく、パートナーが将来にわたって優れた現代的な技術の活用を継続・評価できるようにすることであることを忘れてはいけません。たまになら大した影響はありませんが、恒常的に残業していることに気づいたら、必ず見直してください。

長期的な仕事では、努力レベルを考慮して、何年も続けられるペースで仕事をする必要があります。そのためには、個人の状況に合わせてさまざまな方法があります。ひとつの方法は、定期的なプロジェクトの合間にまとまった休みをとることです*1。休みは多ければ多いほどよいです。また、週40時間労働という政府の慣例に厳格に従い、プライベートな時間や週末の休みには仕事のメールを見たり返信したりせず、仕事以外の時間は家庭生活やスポーツ、趣味など、本当に大切な活動に使いましょう。

ミッションに熱中していると、必ずと言っていいほど仕事をやり過ぎる誘惑に駆られます。私自身、いつもそこに行き着いてしまうのですが、シビックテックの仕事を長く続けていると、働く時間に気をつけなければならないことがとてもよくわかります。

---

*1 プロジェクトの開始や終了といった契約というのは気まぐれで、選択の余地はないかもしれません。けれどもこういった状況に遭遇したら、ぜひ時間の使い方を工夫し、最大限に活用してください。

自分自身のペース配分

2020年春に新型コロナウイルスによるロックダウンが実施された後、さまざまな行政サービスを代表するデジタルチームが残業や週末を費やし、情報提供サイトの立ち上げやオンライン失業保険アプリの補強など、緊急のニーズに対応しました。 このような初動対応については正しい判断だったと思います。しかし災害の後は、政府が足元を固めるにつれてやるべきことがたくさん発生するでしょうが、仕事は非緊急モードに戻すべきです。災害に起因する長期的な政策変更（たとえば遠隔裁判のルール）には時間がかかるでしょうし、それをサポートするために技術者も熟慮して動くべきです。ミッション達成に取り組む技術者が、意図的に持続可能なペースを順守することはマインドセットの転換が必要ですが、新たなパンデミックのような極度の緊急事態と、「ニーズが多すぎて、時間が足りない」というような見通しとを区別することに意味があります。後者の場合、誠心誠意取り組んでいる技術者が燃え尽きてしまう事態を目にしてきました。

　市民のニーズは緊急であることは間違いありませんが、そのニーズに応え続けるためにはいくつかの概算が必要です。ひとつは、無理なプロジェクトを始めないこと。巨大なプロジェクトの場合は、そのプロジェクトのリソースレベルをよく考え、たとえそのプロジェクトが良いものであっても、心理的に管理しやすいぐらいに仕事を分割することです。たとえ全体的な課題は気が遠くなるものであったとしても、その過程で達成可能な小さな勝利を得ることができるよう、チームの余地を確保してください。

　最も切実な問題のなかには、あなたが通常利用できるツールやサポートでは解決できないものもあります。そのような状況に陥った場合、戦略的撤退が最善の策となるかもしれません。粘り強さは素晴らしいものですが、実現が不可能なことに対する長期的な努力は極度の疲労につながります。そして私たちは完全な状態のあなたを必要としているのです。

また、10キロ走なのか、フルマラソンなのか、100キロのウルトラマラソンのどれに参加するのかを考えて、それに応じたペース配分、休憩、ケアを計画しましょう[*2]。現在、連邦政府機関では4年ごとの契約更新が可能なところもあり、その気になれば8年在籍することも可能です。8年の間にはさまざまな人生の転機が訪れますが、多くの場合、政権交代が確実に起こるでしょう。まさに長期間の関係性です。

それだけの期間、あなたの専門的かつ社会的能力に負担のかかる仕事をこなすには、それなりに快適な労働条件が必要です。時差の関係で週に何度も朝7時に電話をかけるような環境は、4〜5ヶ月なら大丈夫かもしれませんが、4〜5年は続けられないでしょう。自分が必要とするものは何なのか、何年もかけて自分の回復力を弱らせたり維持したりするものが何なのかを考えさえするならば、それが自分にとってどんなものでもよいのです。

長期にわたって身を置くにしても、数日、数週間はハードなものになると予想されるので、旅行や時間外労働をすることには十分に注意して臨むほうが理にかなっているでしょう。

物資の負担

あなたが非営利団体に勤めている場合、政府系の職場が提供する支援のレベルに慣れきっているかもしれません（実際、テック業界から転職する人とは対照的に、初めての政府系の仕事は給与も福利厚生も良い場合があります）。

あなたが資金力のあるスタートアップ企業や人材獲得にしのぎを削るテック

[*2]　シビックテック短距離走のようなものは本当にないのです。

企業で大きな権限を与えられた社員であった場合、自分が受けていた恩恵の大きさに気づかないかもしれません。些細なことに思えても、こうした小さなことが積み重なって疲弊していくこともあるので、一度棚卸ししてみるとよいでしょう。

　テック企業では、ほとんどの人が自分のコンピュータを自分で管理しており、IT部門は希望するあらゆる種類の設定やSaaS製品を承認してくれることが多いでしょう。しかし、官公庁ではそうはいきません。もしあなたが政府支給のコンピュータや携帯電話を利用する場合、インストールできるツールはかなり制限されるでしょう。また、利用用途を厳しく監視される可能性もあります。政府が提携している機関が提供しているソフトウェアのサービスも同様に利用制限があるでしょう。

　重要なのは、利便性のために個人のスマートフォンで政府の電子メールを読めるような設定をすると、何か事件が起こった際の捜査において、個人のスマートフォンもその対象になる可能性があるということです。これは極端な話ではありますが、1つのデバイスで仕事もプライベートもすべてをまかなうことに慣れた人は、考え直したほうがいいでしょう。

　そのため、仕事用とは別に自分用のデバイスがもう一台必要になるかもしれませんし、政府用と個人用のデバイスを切り替えて利用する手間が必要になるかもしれません（ただし、仕事時間外に関係ない連絡を完全に遮断するのに便利であることは伝えておきます）。

　テック企業の企業文化では、個人のキャリアアップが重要視され、管理職が部下の目標としてスキルアップに投資することも多いでしょう。技術系カンファレンスに出向いたり、同じ技術分野の人と会ったりするための金銭的支援を得ていることも多いでしょう。これらが基本レベルである場合、政府職員に提供されるサポートのレベル（間違ったレベルというわけではなく、単に異なっているということ）に混乱するかもしれません。たとえば、政府の仕事では、現在の業務

に直接役立つスキルを身につけようとする場合にのみ、研修などの費用が支援されます。そしてその際の費用は低く抑えられ、受講の有用性の精査も厳しいものとなります。また、高額な技術カンファレンスに出張参加するよりも、大学の社会人向け授業に参加するほうが、より簡単に支援を受けられる可能性が高まります。

　そして、午後2時の休憩時間に飲むコーヒーをどこで飲むかなど、本当に些細なことも違います。テック企業のオフィスには、無料で飲めるおいしいコーヒーや紅茶が置いてあることが多く、企業の業績が良ければ、さらにオフィス内にお菓子も置いてあるでしょう。もっと業績が良ければ無料の食事も提供されているでしょう。これは些細なことで、特に真剣に考えなくてもいいことです。企業がそういう提供をするのは従業員を仕事に集中させるためでしかありません。

　政府はコーヒーなどの無料で提供される飲み物や食べ物を職員に与えません。多くの部署ではコーヒークラブを組織して、職員が少額資金を出し合い、お金を出した人だけが簡単にコーヒーを飲めるようにしています。またオフィスの給湯室にある冷蔵庫や電子レンジのようなものは、公的な予算では簡単に買い替えられないこともあります。クラウドソーシングで資金を集め、冷蔵庫や電子レンジを買い替えるか、あるいは買い替えずに我慢する人もいるようです。

　はっきり言って、どれも大したことではありませんし、あなたがこれらを重要なことだと感じることを期待しているわけでもありません。しかし、自分にとって必要な支援を考えるうえで、これらの優遇が左右するわずかな負担について考えてみてほしいのです。

財務リスクと財務計画

官公庁の仕事は安定がキーワードですが、実際の官公庁の仕事に特有のものもあれば、契約、特別雇用枠、特別研究員などの寄せ集め的なものもあり、リスクもあります。

キャリア組の公務員（つまりW-2公務員）を解雇したり一時解雇するのは非常に難しいことですが、全面的あるいは部分的に一時帰休（在籍させたまま一時的に休業させる措置）させることは可能です。米国西海岸のいくつかの自治体では、2010年代に職員の所得を5％または10％減少させる長期的な部分的一時帰休が実施されました。こういった処置はまれではありますが、議会が予算問題で行き詰まった場合、連邦政府が閉鎖されることもあり、その場合、連邦政府に所属する労働者はその間給料が支払われません（ただし、歴史的には、連邦政府の活動が再開されれば必ず遡って支払いが行われています）。2018年末には、複数の理由で連邦政府機関の活動が5週間近く閉鎖されました。

また、契約社員の立場であれば、契約条件が急速に変化する可能性があります。政府機関からの契約が解除されたり縮小されたりしたベンダーは、企業として生き残るため、即座に人員を削減する可能性があります。契約そのものの条件次第で、仕事や給与支払いの空白期間を生むこともあります。私も政府機関で働く契約社員として、更新の手続き処理に予想以上に時間がかかったために仕事が途切れたり、採用までの期間が非常に長くなり、その後急遽業務開始日が変更になった経験があります。予算が縮小され、契約満了日が突然短縮されたこともあります。もし数週間から数ヶ月分の生活費用を貯金しておく余裕があれば、ぜひそうしておくとよいでしょう。

連邦政府機関や州政府機関で指導的な役割を担うことになった場合、専門職賠償責任保険に加入する必要があります。これは年間約200～400ドルの費用であなたの個人資産（貯蓄、家など）を保護し、あなたが所属機関に対する訴訟で

名前を挙げられた場合や、調査で過失が見つかった場合に、訴訟費用をいくらか補償します。

　また、銀行口座をいつも以上にチェックする必要があります。政府の仕事の変なところは、誤って過払いが発生することです。過払いをそのまま放置すると政府に対する債務と見なされます。過払いを発見し、返済方法を確認し、その指示を忠実に守り返済し、返済手続きを文書化し残しておくことが得策です。このような事態が発生した場合、政府内部の窓口が手助けしてくれるはずですが、あなたはそのリスクを認識し、銀行口座に目を光らせておく必要があります。

燃え尽き症候群の見分け方

　「疲労」と「燃え尽き」は、ある種のスペクトラムを形成しています。疲労は蓄積され、放置しておくとやがて燃え尽き症候群になります。あなたは危険の兆候を自身で認識する必要があり、もし本当の意味での「燃え尽き症候群」状態に達してしまったら、かなりの期間（おそらく数ヶ月間）、完全に休む必要があります。数週間、携帯電話の電源を切って休暇をとるなど徹底的な休養ができる状況であれば、休暇期間を多少短くすることができます。しかし、深刻な燃え尽き症候群には、長期の休養以外に解決策はなく、そのような状況になってしまったら、心の健康と回復は休暇をとることにかかっています。

　少し前に、あるシビックテクノロジストの同僚と話したことがあります。彼は、同じプロジェクトに何年も携わり、特に大きな負担を強いられていました。徐々に普段の仕事を「やりたくない」という気持ちが強くなり、そこで、今までであれば元気を取り戻せたはずの短期間の休暇をとって仕事に戻ったところ、同じように「やりたくない」という気持ちが舞い戻ってきたそうです。この「やりたくない」は燃え尽き症候群の特徴であり、特に仕事上のストレスが他のスト

レスと重なると、「やりたくない」が「できない」にまでエスカレートすることがあります。通常は楽しいと思える仕事がやる気になれない状態になったら、すぐに専門家のサポートを求めてください。

　燃え尽き症候群の兆候はひそかに蓄積されていくものですが、何ヶ月間も仕事に支障をきたすことのないよう、予防的な方法をとるのがいちばんです。つまり、自分自身が、または理想的にはあなたをよく知る誰かが、あなたのフラストレーションや疲労のレベルをチェックする手段を知ることです。

　燃え尽き症候群は多くの場合、仕事だけが要因ではないことを心に留めておいてください。家族の介護に関する重圧、経済的問題、その他精神的・感情的に心身に負担をかけるあらゆる生活要因が、その一因である可能性があります。暗いニュースや社会情勢の不安もその一端を担っているかもしれません。米国では構造的な人種差別が蔓延しているため、有色人種の人々は日々の負担が全体的に重くなり、燃え尽き症候群のリスクが高くなります。

　私は18Fに所属していた最も困難な時期に、友人の勧めで毎週日記をつけ始めました[3]。そのとき私はチームの主任で、さまざまな方面からのプレッシャーにさらされていました。2年経った今でもその頃の日記を読むと心拍数が上がります。けれども当時は日記に救われ、助けられたものです。日記の習慣は、あなた自身の状況に合わせる必要がありますが、定期的に自分の状況を振り返り、あなたの身近な人に現実を確認してもらうことが、「燃え尽き症候群」の初期の兆候に気づくための最善の方法です。

　燃え尽き症候群の初期症状が見られる場合、理想的には緊急の休息とより綿密なサポートの両方が必要です。まず、現在の仕事の権限委譲を検討しましょう。新しい人に責任を譲ることは、プロジェクトの持続可能性を高めるための

---

[3]　友人はUSDS（米国デジタルサービス）での勤務期間中、毎日日記をつけていました。私は中学生の子育てで忙しく、毎日日記をつける余裕がなかったので、少なくとも毎週つけるようにしたのです。

貢献とさえ考えられるかもしれません。そして、何らかのかたちで休息をとりましょう。さまざまな方法があります。

- ●週末、1週間、または数日の夜は、スケジュールにしっかりとした区別を設定し、仕事を入れない時間を作りましょう。
- ●サポートネットワークを活用しましょう。介護、家事、その他の家庭内の事柄について助けを求めてもかまいません。お金に余裕があれば、有料でそういったサービスを依頼してもかまいません。
- ●残業や余分な指導の時間や委員会活動を一時的に切り上げ(それらを行うこと自体は素晴らしいことですが)、いったん呼吸を整え、自分の能力を回復するための時間を確保しましょう。

早い段階から行動することで、自分にとっても、チームにとっても、より持続可能な方法で働き続けることができるようになるはずです。

〈カラース〉を育てよう

あなたがどんなに内向的な人であっても、シビックテックの仕事は一人でやるものではないと考えています。ここは私を信じてください。行政機関での長い経歴を持つあらゆる種類のパートナーの味方になり、友達になることができますが、やはりシビックテックを専門分野とする人たちの専門的なコミュニティが重要です。実際、シビックテックイベントの主催者は、公共部門で挑戦的な仕事をしている人々を紹介することを非常に楽しみにしていることが多いので、ミートアップで事例を紹介するか、シビックテック関連のカンファレンスで講演を行うなどを検討してみてください。自分のアイデアや手法を評価してくれるシビックテックのプロフェッショナルの仲間は、シビックテック分野の人が職場に少ない場合、特に重要な後ろ盾になります。私は、統計調査やインタビュー調査手法のやり方が妥当かどうか、常に他のシビックテック仲間に確

認していますし、私と同じ情報を必要としている人がいれば、いつでも私のメールアドレスを伝えています。

　また、配偶者、友人、家族など、親しい人たちも大切です。「この前の打ち合わせが辛かった。なぐさめて……」と電話できる人なら誰でもいいのです。辛い日、辛い週、辛い月があるでしょうが、それは当たり前のことで、頼りにしている人たちが乗り越えさせてくれるでしょう。そして、どんな経歴であれ、どんな関係性であれ、シビックテックや政府機関の仕事をしている他の所属の人たちと付き合うことを強くお勧めします。

　シビックテックコミュニティの代表的存在である故ジェイク・ブリューワー[†1]は、「cultivate the karass〈カラース〉を育てよう[†2]」という言葉を使いました。これはSF作家のカート・ヴォネガットの造語で、互いが知り合いであろうとなかろうと、共通の目的でつながっている人々の集団を指しています。私はこの言葉を胸に刻み、「育てる（cultivate）」とは、豊かにし、強くし、挑戦する、という意味に捉えています。

　私はまだ本書の読者の皆さんとは面識がありませんが、他の人にはない何かをシビックテックの分野にもたらしてくれていることを信じています。コミュニティの誰かが、あなたに必要なアドバイスや視点を持ち、あなたもまた、他の誰かが必要とする視点や技術（あるいは適切なタイミングで適切なジョーク）を持っています。もしそれが50年にわたるプロジェクトなら、そしてそれが困難なことだと感じれば感じるほど、私たちは皆、お互いを必要としているのです。

---

†1　ジェイク・ブリューワーは若くして亡くなったシビックテックの立役者。ホワイトハウス科学技術
　　政策室の上級顧問。

†2　karass（カラース）とは、カート・ヴォネガットの1963年のSF小説『猫のゆりかご』で用いた造語。
　　霊的なつながりを持つ人々のネットワークのことを示している。ジェイクが亡くなった後、彼の
　　オフィスのコンピュータディスプレイに、「Cultivate the Karass（カラースを育てよう）」という付箋
　　が貼られていたことに由来している。

———

シビックテックの仕事には、強度の高いものとそうでないものがあります。自分のコミットメントを強めたり弱めたりすることができます。 しかし、週に一晩だけであろうと、数年のキャリアを費やすことになろうと、あなたは大切なシビックテックコミュニティの一員です。そして、そのコミュニティは、人々をより良くサポートするために活動しています。

他の人からの支援を求め、立ちはだかる障害を共有することで、コミュニティが協力して障害を克服するためのより多くの領域を作ることができます。仕事について広く一般に、または個人的に書いたり話したりすることで、ミッションや変化し続けるエコシステムについて、私たちの共通の理解に貢献することができます。シビックテックのコミュニティがインクルーシブネス（包摂性）に欠けていると指摘することで、より良くなるための機会を与えることができます。このような批評を真剣に受け止め、それにもとづいて行動することで、私たちは前進することができるのです。自分が知らないことを認め、他の人がそれを認める余地を残すことで、コミュニティ全体に利益をもたらすという模範を示すことになります。

シビックテックとつながりを持つ方法はたくさんあります。シビックテックはやっと10代に育ち、多くの貢献ができるようになりました。私たちは過去10年から12年を費やして、シビックテックには何ができるかを示し、いくつかの成果を上げてきました。しかし、まだまだやるべきことはたくさんあります。

私たちは、こうした市民のパートナーとの協働のあり方を成長させ、運用する段階に入っています。この先、厳しい道のりになることは間違いありませんが、可能性はいたるところにあります。社会的強さがどのようなものであれ、あなたがより多くの人がつながっていればいるほど、支援が必要になったときの選択肢は増えます。そして、私たちは皆、あなたのためにここにいます。私たちは仲間なのです。

おわりに

本書を読んでくださった方には、いくら感謝してもしきれません。最後に、シビックテックの領域がこれからどう進んでいくかについて、少し考えてみたいと思います。

シビックテックの次なる展開は？

私たちのプロジェクトは50年単位の大プロジェクトであり、シビックテックの分野は今ちょうど10年目に入ったところだと説明してきました。現在10代の子供を持つ親として、10代の期間は短く、この時期に学ばなければ、20代でもっと辛い思いをすることになると痛感しています。

この本を執筆している数ヶ月のあいだ、常にこの分野を注視してきました。しかし、私たちが転換を望んでいる制度の規模に比べれば、まだ比較的小さな影響力しかありません。私自身の例で言えば、私たちは「可能なことを示す（showing what's possible）」確かな仕事をしてきました。そして今、振り返りつつ、この可能性を確立し拡大するために「必要なことを行う（doing what's necessary）」へと転じる時なのです。

ここ数年の重大な政治的出来事を考えると、自分たちは政治とは無関係であるという虚構は終わらせる必要があります。私たちはまだ無党派でいることはできますが、私たちのシビックテックの仕事を公正さと配慮に沿ったかたちに

する責任があると信じています。そのためには、この分野が過度に白人的であることを認め、過去10年間重要なことを述べてきた代表的なシビックテックの開拓者たちがもっと声を上げる必要があると感じています。そして、より多くのバックグラウンドを持つ人たちに門戸を開放し、後輩たちがこの領域を渡り歩きやすくする必要があります。それぞれのプロジェクトの先行事例を認め、そこから知見を得るようにする必要があり、また、政策立案者や支援者の仲間をステークホルダーとして扱う必要があります。

　これらはすべて、サービスへのアクセス、権利の行使、コミュニティの形成において、商業的なものと同等の機能を持つデジタル公共財†3というビジョンの実現に向けたものです。私たちは、デジタル公共インフラという考え方を取り入れ、デジタル公共財という考え方をより良く定義し、伝える必要があります。

　これを実現するには、もう少し制度化が必要でしょう。この本以外にも、さまざまな視点から書かれたシビックテック本が必要ですし、失敗したものも成功したものも含めて、プロジェクトのアーカイブと一貫した歴史が必要です。また、より多くの人々が参加できるような組織や、対面であれオンラインであれ、より多くの人々が集まれるような方法が必要です。

　コミュニティのメンバーをサポートする力を高めて、燃え尽きる人を少なくし、今あるコミュニティをどんどんオープンにしていく必要があります。

　2030年にこの本を読み返したとき、シビックテックの分野が活気にあふれ、優れた政府と強力な制度の中核をなす研究分野として位置づけられていることを願っています。そして、皆さんの多くが、私がまだ想像もつかないようなかたちで、名誉ある貢献者となっていることを願っています。

---

†3　ソフトウェア、データセット、AIモデル、標準仕様など、データやコンテンツの形をした公共財のこと。

シビックテックの仕事に直接役立つかもしれないもの、
そして自分でもっと接点を見つけることができる資料について紹介したリストです。

シビックテックの人々や
プロジェクトを見つける

———

あなたの近くでも、シビックテックの活動が行われているはずです。地理的には活動がなくとも、間違いなくオンラインでは行われています。ここでは、シビックテックコミュニティとつながるためのアイデアをいくつか紹介します。

———

● Code for Americaブリゲードの支部(https://brigade.codeforamerica.org)を調べたり、「open data[あなたの都市名]" や "civic tech[あなたの都市名]」で検索すると、最も近いボランティアのシビックテックグループを見つけることができます。また、地域のコミュニティミーティングに参加して、どのような問題に取り組んでいるかを知るのも良いアイデアです。

● Twitterには大きなコミュニティがあり、#civictechと#govtechのハッシュタグは信頼できる出発点です。#opendata、#servicedesign、#smartcitiesは、シビックテックの内容を含むことが多く、より広範な話題が扱われています。

● もしあなたが政府のデジタルチームがある大都市にいるなら、コミュニティのために定期的にブラウンバッグ〔ランチ持ち寄りのミーティング〕やポットラック〔食事持ち寄りのパーティ〕を開催しているかどうか調べてみてください(たぶん多くの都市で開催されています)。

● もし余裕があれば、Code for Americaサミットにも参加してみてください。このカンファレンスは規模が大きいので大変かもしれませんが、初めてでも安心して参加できるようなセッションやイベントがたくさん用意されています。
https://summit.codeforamerica.org/

● Civic Hallの「Civic Tech Field Guide」には、世界中のシビックテックプロジェクトがクラウドソーシングにより幅広く紹介されています。
https://civictech.guide/

シビックテック業務で使えるツール

———

これらはプロジェクトに直接活用できるものです。

———

デジタルワークのための標準ツール

● 米国デジタルサービスによるデジタルサービスプレイブック(事例集)
Digital Services Playbook from the United States Digital Service
https://playbook.cio.gov/

● オープンナレッジファウンデーションのオープンデータハンドブック
The Open Data Handbook from the Open Knowledge Foundation
https://opendatahandbook.org/

● 米国ウェブデザインシステムは、あらゆるシビックテックプロジェクトが使用できる、レスポンシブでアクセシブルなウェブサイトコンポーネントの無料のオープンソースライブラリです。
United States Web Design System
https://designsystem.digital.gov

● Plainlanguage.govは、連邦政府による公共部門向けのわかりやすい文章執筆のための資料です。
https://plainlanguage.gov

国民のインターネット利用に関するデータ

● Pew Internet and American Life Projectは、アメリカ人がオンラインで利用している技術や、それらに対する考え方について定期的に調査しています。欠かせない情報です。
https://pewinternet.org

● Brookings Metroが2020年に発表したブロードバンド格差についてのデータは、私が知るかぎり、インターネットアクセスに関する最も詳細な情報です。
https://www.brookings.edu/blog/the-avenue/2020/02/05/neighborhood-broadband-data-makes-it-clear-we-need-an-agenda-to-fight-digital-poverty/

- 州政府や市政府が公開しているデーター式を探すには、data.[政府組織名].govにアクセスするか、「オープンデータ[都市名]」で検索してください。連邦政府の情報はdata.govのみです。

インクルージョンのためのテンプレート

- Project Includeによる、企業の行動規範の書き方ガイド。
  https://projectinclude.org/writing_cocs
- 長く続いているオープンソースプロジェクトであるPloneには、簡潔で力強い行動規範があり、他の多くの組織もこの規範を採用または適応しています。私は特に、コミュニティの責任に重点を置いている点を評価しています。
  https://plone.org/foundation/materials/foundation-resolutions/code-of-conduct
- コーネル大学による、アクセシブルな対面ミーティングとイベントのためのチェックリスト。
  https://accessibility.cornell.edu/event-planning/accessible-meeting-and-event-checklist/

シビックテック企業

———

リストアップするには多すぎるので、シビックテックの一翼を担う企業をいくつか紹介します。

———

コンサルタント

- Civillaはデトロイトを拠点とするデザインコンサルタント会社で、公共部門の仕事に重点を置いています。支店は全米に存在し、多くは非営利団体、B Corp〔Bコーポレーション。社会や環境に配慮した公益性の高い企業に対する国際的な認証制度〕、公益法人（PBC）として運営されています。
  https://www.civilla.com
- DataMadeは、さまざまな組織がオープンデータを使って公共の利益のためのツールやアプリケーションを構築するのを支援するコンサルタント会社です。
  https://datamade.us
- Nava PBCは、HealthCare.govを支援したメンバーによって設立されたコンサルタント会社で、連邦政府や州政府のためのデジタルプロジェクトに重点を置いています。独自の技術を活用したシステム構築とシビックテック主要サイトの保守を行っています。
  https://www.navapbc.com

———

シビックテック分野に注力する企業は年々増えています。私はそういった企業を「ニュースクール・ベンダー」と呼ぶことがあります。そういった企業が雇用する技術者の数は、政府のデジタルサービスチームに匹敵するほどの数になってきています。

———

相互扶助・参加型プロジェクト

- The Human Utilityは、困窮した街で懲罰的な水道料金を支払っている人々と寄付者をマッチングし、負債から解放して水道を使えるようにする非営利企業です。促進型相互扶助モ

デルです。
https://detroitwaterproject.org.

- Streetmixは、道路の計画立案者や住民が無料で使えるオープンソースのプロジェクトです（Code for Americaのフェロー数人のサイドプロジェクトとして始まり、現在は財団のスポンサーを得て独自にメンテナンスが続けられています）。今までに10万以上の道路計画が作成され、誰でもGitHubで貢献することができます。
https://streetmix.net/

プロダクト関連企業

- SeamlessDocsは、紙やPDFの書類をウェブ入力フォームに変換し、組織のデータ管理を支援するスタートアップ企業です。主に自治体や州レベルの政府機関が購入しやすいよう最適化されています。
https://govos.com/

- Granicusは、地方自治体や州政府向けに会議の記録、安全な電子メール、クラウドストレージなど、企業規模の通信ソリューションを提供する企業です。
https://granicus.com

- Esriは、巨大なジオデータ・ソリューション企業です。多くの政府顧客を持ち、政府のニーズに応えています。
https://esri.com

中小企業の政府系ベンダーを支援するプログラム

保健福祉部（HHS：Health and Human Services）および中小企業庁（SBA：Small Business Administration）は、これらの制度の優れたリストを管理しています。ほとんどの州は、調達の際、これらの連邦プログラムの資格も考慮します。
https://www.hhs.gov/grants/small-business-programs/programs-supporting-small-businesses/index.html

民間の技術者を政府に受け入れる取り組みを行っている団体

———

民間企業からの移行を理解する組織からのさらなる支援を受けて政府内部の仕事を得たい場合、これらの情報は素晴らしい出発点となるでしょう。

———

- 18Fは、連邦政府内のデジタルコンサルタント組織です。2年から4年の任期で人材を採用しています。
https://18f.gsa.gov/

- Code for Americaは、1年間のコミュニティ・フェローシップと、政府のパートナーと共に働く正社員の仕事を提供しています。
https://www.codeforamerica.org/

- Coding It Forwardは、大学生を対象としたシビック・デジタル・フェローシップを提供しています。
https://www.codingitforward.com/

- General Services Administrationは、12ヶ月間のPresidential Innovation Fellowsプログラムを提供しています。
https://presidentialinnovationfellows.gov/

- TechCongress は Congressional Digital Services Fellowshipを提供しています。
https://www.techcongress.io/

- United States Digital Responseは、緊急の技術プロジェクトを支援する非営利団体で、通常は短期間です。
https://www.usdigitalresponse.org/

- United States Digital Service（米国デジタルサービス）は連邦政府の機関であり、3ヶ月から2年の任期で人材を雇用しています。
https://www.usds.gov/

その他の
デジタルサービスグループ

———

United States Digital Service（USDS：米
国デジタルサービス）と18Fは連邦政府のチ
ームですが、多くの大都市といくつかの州
（2020年夏現在、カリフォルニア、コロラド、ジ
ョージア、マサチューセッツ、ニュージャージ
ー、ニューヨーク）が独自の組織を持つように
なりました。自分の住んでいる市や州にそう
いった組織があるかどうか、「[市・州] デジタ
ルサービス」と検索してみてください。ホワイ
トハウス直下の組織であるUSDSは、国防総
省、バージニア州、保健省でも独立した省庁
別のチームを立ち上げています。

シビックテックに関心を持つ
学術機関ほか

———

これらの団体は、協力者やイベント、時には助
成金などを探すのに最適です。フェローシップ
（特別研究員）の就職枠やプロジェクト助成
金を提供しているところもあります。

———

- The Ash Center for Democratic Governance and Innovation at the Harvard John F. Kennedy School of Government
- The Beeck Center for Social Impact and Innovation at Georgetown University
- Bloomberg Philanthropies' What Works Cities Initiative
- The Brennan Center for Justice at New York University School of Law
- Center for Civic Design
- Ford Foundation
- The Institute for Digital Public Infrastructure at the University of Massachusetts Amherst
- Knight Foundation
- New America
- Omidyar Network
- OpenGov Partnership
- Sunlight Foundation

参考文献

ここで紹介する参考文献は、本書でとりあげたトピックをさらに深く掘り下げています。
シビックテックの基礎となるブログ記事から、無名の本、国の設立文書まで、
どれもが私に考えさせ、シビックテック実践の手助けをしてくれました。

各セクションの資料は、ブログ記事とその要約から、書籍へと、
学術的なものは最後に紹介しており、軽い読み物から濃い読み物へと順に整理されています。

一般的な参考資料

- Mike Bracken「On Strategy: The Strategy Is Delivery. Again（戦略とは：戦略とは提供すること、それを繰り返すこと）」2013年1月6日 https://mikebracken.com/blog/the-strategy-is-delivery-again/

- Matt Edgar「Delivering Digital Service: This Much I Have Learned（デジタルサービスを実現する：これだけは知っておきたいこと）」2020年1月27日 https://blog.mattedgar.com/2020/01/27/delivering-digital-service-this-much-i-have-learned/

- Tim O'Reilly 「Government as a Platform（プラットフォームとしての政府）」innovations 6, no.1 (2010): 13-40 https://www.mitpressjournals.org/doi/pdf/10.1162/INOV_a_00056

- Eric Gordon and Rogelio Alejandro Lopez「The Practice of Civic Tech: Tensions in the Adoption and Use of New Technologies in Community Based Organizations（シビックテックの実践：コミュニティベースの組織における新しいテクノロジーの採用と利用における関係性）Media and Communication 7, no. 3 (2019) https://www.cogitatiopress.com/mediaandcommunication/article/view/2180 テクノロジーと地域密着型組織について深く掘り下げている資料です。

- Amanda Clarke「Digital Government Units: What Are They, and What Do They Mean for Digital Era Public Management Renewal?（デジタル政府機関：デジタル時代の公共事業刷新のために、デジタル政府とは何をし、何を意味するのか？）」International Public Management Journal 23, no.3 (2020): 358-379, https://doi.org/10.1080/10967494.2019.1686447 世界各国の英語圏における国家デジタルチームを検証し、その有効性を行政の観点から評価する方法論。

- Hana Schank and Sarah Hudson『The Government Fix（政府機能の再構築：政府におけるイノベーションのあり方）』Sense & Respond Press, 2019 https://www.senseandrespondpress.com/the-government-fix

- Brett Goldstein and Lauren Dyson 編『Beyond Transparency: Open Data and the Future of Civic Innovation by Code for America（透明性を超えて：オープンデータとシビック・イノベーションの未来）』Code for America Press, 2013 https://beyondtransparency.org/part-2/pioneering-open-data-standards-the-gtfs-story/

- Andrew Schrock『Civic Tech: Making Technology Work for People』Long Beach, CA: Rogue Academic Press, 2018

ビッグアイデア

- アメリカ合衆国憲法（政府は索引づけされた
コピーを国立公文書館のオンライン版で公開
しています）
https://www.archives.gov/founding-docs/
constitution-transcript
また、いくつかの出版社からポケット版の小冊
子を注文することができます。「pocket
constitution」で検索してください。
- Atul Gawande「Slow Ideas（スローアイデア）」
New Yorker, July 29, 2013
https://www.newyorker.com/magazine/
2013/07/29/slow-ideas
- Ethan Zuckerman「The Case for Digital
Public Infrastructure（デジタル公共インフラ
の事例）」Knight First Amendment Institute,
Columbia University, January 17, 2020
https://knightcolumbia.org/content/the-
case-for-digital-public-infrastructure

インクルーシブテクノロジーと
アンチレイシズムのための情報源

- Reginé M. Gilbert『Inclusive Design for a
Digital World: Designing with Accessibility
in Mind（デジタルワールドのためのインクルー
シブデザイン：アクセシビリティを考慮した
デザイン）』Berkeley: University of California
Press, 2019
- Sarah Horton and Whitney Quesenbery『A
Web for Everyone: Designing Accessible
User Experiences（すべての人のためのウェ
ブ：アクセシブルなユーザーエクスペリエンス
をデザインする）』Brooklyn, NY: Rosenfeld
Media, 2014
- Ijeoma Oluo 『So You Want to Talk about
Race（人種について話そうか）』New York: Seal
Press, 2018
- イブラム・X・ケンディ『アンチレイシストであ
るためには』児島修 訳、辰巳出版、2021
- Alice Wong 編『Disability Visibility: First-
Person Stories from the Twenty-First Century
（障害者の可視化：21世紀の当事者の物語）』
New York: Vintage Books, 2020
- Christina Dunbar-Hester『Hacking Diversity:
The Politics of Inclusion in Open Technology
Cultures（多様性をハックする：オープンテク
ノロジー文化におけるインクルージョンの政治
学）』Princeton: Princeton University Press,
2019

シビックテックの注意点

———

私たちは本当に良いことをしているのだろうか、と問い続けることが大切です。ここではその問いかけを新たなかたちで投げかけるための読み物をいくつか紹介します。

———

● Rachel Coldicutt「Inside the Clubcard Panopticon: Why Dominic Cummings' Seeing Room Might Not See All That Much（Tescoポイントカードの全展望監視システムの内情：ドミニク・カミングスの「発射管制室」があまり見えない理由）」The Startup, Medium, January 10, 2020
https://medium.com/swlh/inside-the-clubcard-panopticon-why-dominic-cummingsseeing-room-might-not-see-all-that-much-f940a48ae1cd

● Joshua Tauberer「So You Want to Reform Democracy（民主主義を改革したいわけ）」Civic Tech Thoughts from JoshData, Medium, November 22, 2015
https://medium.com/civic-tech-thoughts-from-joshdata/so-you-want-to-reform-democracy-7f3b1ef10597

● Russell Davies「Death to Innovation（イノベーションの死）」2013年10月2日
https://russelldavies.typepad.com/planning/2013/10/death-to-innovation.html

● Virginia Eubanks 『Automating Inequality: How High-Tech Tools Profile, Police, and Punish the Poor(不平等の自動化：ハイテクツールはいかにして貧困層を調査し、取り締まり、罰するのか)』New York: Picador, 2018
インタビューの要約は、Jenn Stroud Rossmann「Public Thinker: Virginia Eubanks on Digital Surveillance and People Power（公共思想家：ヴィルジニア・ユーバンクスによる、デジタル監視と人々の力について）」Public Books, July 9, 2020
https://www.publicbooks.org/public-thinker-virginia-eubanks-on-digital-surveillance-and-people-power/

● James C. Scott『Seeing Like A State: How Certain Schemes to Improve the Human Condition Have Failed(国家と同じ目線で：人の暮らしを良くしようと企てられた計画はいかにして失敗してきたか)』New Haven: Yale University Press, 1998

公共部門の視点を持つ人材育成に関する情報

――――

プロダクトマネジメント

● Nikki Lee and Karla Reinsel「Building Product Management Capacity in Government, Part 1(政府における製品管理能力の構築 その1)」18F, 2019年8月22日
https://18f.gsa.gov/2019/08/22/building-product-management-capacity-in-government-part-1/

● Scott Colfer「Product Management Handbook(プロダクト・マネジメント・ハンドブック)」2018年
https://scottcolfer.com/product-management-handbook/

デザインとリサーチ

● 英国政府 デジタル サービス「Government Design Principles(政府のデザイン原則)」GOV.UK, April 3, 2012
https://www.gov.uk/guidance/government-design-principles

● Bernard Tyers「Doing Ethical Research with Vulnerable Users(脆弱なユーザーとエシカルな研究を行うために)」ei8fdb.org, July 2, 2019
http://www.ei8fdb.org/thoughts/2019/07/doing-ethical-research-with-vulnerable-users/

● Creative Reaction Lab「Field Guide: Equity-Centered Community Design(フィールドガイド:公平性を重視したコミュニティデザイン)」
https://www.creativereactionlab.com/store/field-guide-equity-centered-community-design

● Daniel X. O'Neil and the Smart Chicago Collaborative「The CUTgroup Book（CUT[シビックテック・ユーザーテスティング]グループの本)」2017
https://irp-cdn.multiscreensite.com/9614ecbe/files/uploaded/TheCUTGroupBook.pdf

● ルー・ダウン『Good Service:DX時代における"本当に使いやすい"サービス作りの原則15』ヤナガワ智予 訳、BNN、2020年

● Sasha Costanza-Chock『Design Justice: Community-Led Practices to Build the Worlds We Need(デザインの正義:私たちが必要とする世界を構築するためのコミュニティ主導の実践)』Cambridge, MA: MIT Press, 2020

● Elizabeth Buie と Dianne Murray 編『Usability in Government Systems: User Experience Design for Citizens and Public Servants(行政システムにおけるユーザビリティ:市民と公務員のためのユーザーエクスペリエンスデザイン)』San Francisco: Morgan Kaufmann, 2012

プログラミング

――――

プログラミングは私の専門分野ではありませんが、私が信頼している人たちが、自分の実践に役立つ情報としていくつか挙げてくれています。自学自習に役立つでしょう。

――――

● Marianne Bellotti「Is COBOL Holding You Hostage with Math?(COBOLは数字の人質になっていないか?)」Medium, July 28, 2018,
https://medium.com/@bellmar/is-cobol-holding-you-hostage-with-math-5498c0eb428b

- Joshua Tauberer「Open Government Data: The Book(オープンガバメント(開かれた政府)データに関する本)」2014
  https://opengovdata.io

- Ben Frain『Enduring CSS(不朽のCSS)』Birmingham, UK: Packt Publishing, 2017

- Sam Newman編『モノリスからマイクロサービスへ ―モノリスを進化させる実践移行ガイド』島田浩二 訳、オライリージャパン、2020年

政策

- Alex Soble と Mike Gintz「Rapid Implementation of Policy as Code(方針をコードとして迅速に実装する)」18F, May 12, 2020
  https://18f.gsa.gov/2020/05/12/rapid-implementation-of-policy-as-code/

- Jennifer Pahlka 「Delivery-Driven Policy: Policy Designed for the Digital Age(デリバリードリブンな政策：デジタル時代に対応した政策)」Code for America, November 5, 2019
  https://www.codeforamerica.org/news/delivery-driven-policy

- Xun Wu編『The Public Policy Primer(公共政策入門：政策プロセスの管理)』London: Routledge, 2010

ソフトスキル

- Tom Critchlow「Navigating Power & Status: How to Get Things Done inside Organizations by Understanding Power Potholes and Status Switching(権力と地位の操り方：権力の落とし穴と地位の入れ替わりを理解し、組織内部で物事を成し遂げる方法)」June 24, 2020
  https://tomcritchlow.com/2020/06/24/navigating-power-status/

- Josh Gee「What I Learned in Two Years of Moving Government Forms Online(政府の登録フォームをオンライン化した2年間で学んだこと)」Medium, February 22, 2018
  https://medium.com/@jgee/what-i-learned-in-two-yearsof-moving-government-forms-online-1edc4c2aa089

政府の予算

- 「Policy Basics: Introduction to the Federal Budget Process(政策の基本：連邦予算決定のしくみ入門)」Center on Budget and Policy Priorities, April 2, 2020
  https://www.cbpp.org/research/federal-budget/introduction-to-the-federal-budget-process
  (第4章で詳しく紹介しています)

- Bruce A. Wallin 「Budget Processes, State (国家の予算編成)」Urban Institute
  https://www.urban.org/sites/default/files/publication/71026/1000518-Budget-Processes-State.PDF

- 「Public Budgets(公共予算)」National League of Cities
  https://www.nlc.org/resource/cities-101-budgets/

**シビックテック技術者にも役立つ
行政向けリソース**

――――

● Mark Headd「How to Talk to Civic Hackers
（シビックハッカーとの話し方）」
https://www.civichacking.guide/
技術者と一緒に仕事をしたい政府関係者の
ためのオンラインブック。本書と並行して読む
と、面白い視点が見えてくるでしょう。

● Robin Carnahan, Randy Hart, Waldo Jaquith
「De-risking Custom Technology Projects:
A Handbook for State Grantee Budgeting
and Oversight（独自技術プロジェクトのリスク
回避：州の補助金の予算編成と監視のための
ハンドブック）」August 5, 2019）
https://github.com/18F/technology-bud-
geting/blob/master/handbook.md
州政府の調達問題について深く踏み込んでい
る資料。

謝辞

　この本は自費出版ですが、私一人で作ったものではないことは確かです。 シビックテックの内外で多くの人が励まし、修正し、物理的な面で助けを与えてくれました。また、ジョージタウン大学Beeck Center for Social Impact + Innovationと、ロックフェラー財団から資金提供を受けたDigital Service Collaborativeからの助成金がなければ、ペーパーバック版の本書は存在しなかったでしょう。皆さんの寛大な支援に感謝します。

　本書のアイデアを最初に話したのは、Dana Chisnellと、18Fの元リーダーでチームメイトのRebecca Piazza、Sarah Milstein、Joshua Bailesの3人でした。このようなプロジェクトにとって、最初の励ましがどれほど大切であるのかは言い尽くすことができません。そして、Dana、Josh、Lane Becker、Tiffani Ashley Bell、Ron Bronson、Alan Brouilette、Eddie Fernández、Sha Hwang、Nikki Lee、Jack Madans、Jennifer Pahlka、Angelica Quicksey、Alex Soble、Cori Zarekには、各章や原稿全体を厳しい目で読んでもらい感謝しています。この驚くべき知識集団の目をかいくぐってしまった誤りは、すべて私一人の責任です。

　また、政府の調達手続きについて話してくれたLaneとRandy Hart、エンジニアのための用語の柔軟性についてどう説明するのがよいか教えてくれたAlexとSasha Mageeに感謝しています。編集作業の途中で、私の父であるスティーブン・ハレルがこの本を読みたいと言ってきました。父は、このシビックテックの入門書に対する部外者の視点と、経験豊富な書籍著者としての執筆手順の両方の面からアドバイスを提供してくれました。

　親切で粘り強い編集者であるSally Kerriganは、延々と続く私のブレインダンプを本にまとめあげてくれる最高のパートナーでした。そして、Sallyを紹介してくれたLisa Maria Marquisにも感謝したいです。コピー・エディターのCaren

Litherlandは、矛盾点を整理し、私らしいより良い文章に仕上げてくれました。Scott Berkun、Sam Ladner、Mike Monteiro、Kat Vellos、MK Williamsには、自費出版に関するアドバイスと手助けをいただきました。そしてOxide Designの素晴らしいチームは、「アメリカのシビックデザインの伝統を受け継いだギークなサバイバルマニュアル」という私の条件を見事にクリアした表紙をデザインしてくれました。

　特にパンデミックのような時には、人生における他の人からの実質的な支援なしには、誰も本を書くことはできないでしょう。私のコーチングをしてくれているSamantha Somaは、この仕事をするために選択しなければならないキャリアについて、必要不可欠な相談相手でした。そしてJessica Gregg、Angela Ingenito、Amanda Mooreというワーキングマザーの友達たちは、小麦粉を米と交換し、オンラインスクールについて語り合うなかで命綱となってくれました。また、長年のUXリサーチ仲間であるErika Hallには、休日前のコーヒータイムでの対話がこのプロジェクトのきっかけとなったことに感謝を述べたいと思います。

　そしてついに、私の小さな本ができあがりました。Erikaとのコーヒータイム帰りのタクシーの中でスマホに書いた本書のアウトラインを見せると、もう一人の相棒Jason Douglasが「もちろんやるべき」と言うだけでなく、「今すぐやって、11月の選挙前に出版するべき」と言ってくれました。

　Jasonと娘のAudreyは、家族で映画を見ている夜にもノートパソコンを広げ、週末も仕事をし、いつも以上に宙を見つめている私を、絶え間なく励ますだけでなく、非常に辛抱してくれました。みんなありがとう！

訳者あとがき

　娘が生まれてから、より良い社会を残したいと考えるようになりました。それまでも、誰かの役に立ちたいと考え、自分のスキルを活かして社会に貢献してきましたが、その想いとは少し異なります。自分の選択や行動が、どれだけ社会や世界や業界、そして多くの人たちのためになるのかを強く意識するようになったのです。

　実はシビックテックという活動を強く意識し始めたのは、2012年から始まったAdopt-A-Hydrantというプロジェクトが初めてかもしれません。そのスピード感や貢献の素晴らしさだけではなく、シビックテックの「知恵と工夫」にとても感心させられたのです。Adopt-A-Hydrantは、本書でも紹介されているシビックテックの団体Code for Americaが、米国ボストン市と協力して進めたプロジェクトです。大雪で埋もれてしまう消火栓に、GPS情報を頼りに、雪の中から消火栓を掘り出すゲームをサービスとして提供したものです。Adopt-A-Hydrantでは掘り出した消火栓には名前をつけることができ、愛着をもって世話をする気持ちで近隣の住民が雪かきをするのです。

　降雪が深いボストン市では火事の際、消防士が消火栓を雪から掘り起こしている時間が消火活動を遅らせる原因になっていました。ボストン市には消火栓のために市内を満遍なく除雪する予算はなく、その代わりに降雪から消火栓を掘り起こした人に命名権を与えるというゲーム的な仕組みを取り入れた施策を展開したのです。多くの市民は誰に強制されるわけでもなく、無償で家の近くの消火栓付近も除雪するようになっていきました。

　「人や時間や予算、リソースの不足やその他、プロジェクトに立ちはだかる困難が、クリエイティビティを生み出す源泉だ」という名言をどこかで聞いたことがあります。実際、何を作ってもよい、無限の予算と無限の時間があるからといって、素晴らしいものが作れるとはかぎりません。制限があった方が工夫

や知恵を絞って考えることができ、かえって創造性が刺激され、突拍子もない良案や、社会の仕組みを覆すような新しいことができるのです。少ない予算や人員、立ちはだかる問題に文句をつけることだけではなく、前向きな工夫や知恵を絞って乗り越えられることがいろいろあるはずです。

　本書は、すでにシビックテックに飛び込んでいる人から、これから飛び込んでいこうとしている人、公務員として行政の仕事をしている人、企業に所属しながら行政の仕事を業務として手伝っている人、市民として社会をより良くしたいと考えている人、GovTechのスタートアップで働いている人、社会に貢献する仕事をしたいと考えている学生、定年退職でリタイアしたけれども何か社会に貢献し続けたいと考えている技術者まで、広く多くの人に、それぞれの居場所で社会に貢献できるヒントが詰まった本です。そして本書から得られるヒントは、なにもシビックテックのことばかりではなく、気難しい関係者との調整や、やりとりに奔走しているエンジニアやデザイナーにとっても得るものが多くあるハズです。

　どんなに大金持ちだったとしても、快適な生活のためには社会や行政と無関係で生活することはできません。どんな人もある日事故にあったり、会社が倒産したり、何か思いもしないようなトラブルが起こったとしても、社会が持つセーフティネットによって助けてもらい、新たな挑戦や生活を営むことができているのもこの社会のおかげです。この本を手に取った皆さんが、シビックテックは自分には関係ないと思わずに、どんなに小さな一歩でもよいので、少しだけ前に踏み出し貢献し始めるきっかけを作るのが、この本の役目かもしれないと考えています。より良い社会を未来の子供たち、未来の人々に残したいと考えているすべての人々にこの本を贈ります。

2022年11月　**安藤幸央**

日本における
シビックテックの取り組みの歴史と展望

関 治之 Haruyuki Seki

一般社団法人コード・フォー・ジャパン代表理事。
「テクノロジーで、地域をより住みやすく」をモットー
に、会社の枠を超えて様々なコミュニティで積極的
に活動する。2011年の東日本大震災で情報ボラン
ティアを行ったことをきっかけに地域課題解決に
携わるようになり、2013年に一般社団法人コード・
フォー・ジャパンを設立。シビックテックの推進に
注力してきた。一方で、デジタル庁のシニアエキ
スパートとしてシビックテックを推進する他、神戸
市のチーフ・イノベーション・オフィサー、東京都の
チーフデジタルサービスフェローなど、行政のオー
プンガバナンス化やデータ活用、デジタル活用も
支援している。

私がシド・ハレル氏に初めてお会いしたのは、2014年9月にサンフランシスコで開催されたCode for America Summitだった。当時Code for AmericaでUX Evangelistとして働いていた彼女は、Designing For and With Peopleと題したパネルディスカッションでモデレーターをしていた。セッションの中で、デザインの力でどのように政府のサービスデリバリーを変えていくかを力強く語っていたのを覚えている。「シビックデザイナー」という概念を初めて知ったのもこの時であり、「エンジニアだけではなく、より多様な人たちとの協働をしていかなくてはいけない」ということを強く意識させられたものだ。Code for Japanが立ち上がってからまだ1年も経っていない時に参加したこのサミットでは非常にたくさんのことを学ばせてもらい、組織の方向性を考える上でも大いに参考にさせてもらった。

　2013年から（個人的には2011年から）始まったシビックテックの活動の中で、私は様々な壁にぶつかってきた。自らの未熟さゆえに続かなかったプロジェクトも少なくはない。細かい部分では日米の違いはあれど、本書に書かれているようなことは一通り体験してきたと思う。本稿では、Code for Japanを中心に、日本のシビックテックの歴史と展望について補足的にご紹介したい。一部主観的な振り返りも含んでいるが、シビックテックの一活動家の歩みとしてご紹介するものである。

日本におけるシビックテックの取り組み

誕生期：2011年〜2014年

　本書では2008年が時間軸の始まりとなっているが、日本においてシビックテック的な活動が広がり始めたのは、2011年3月11日に発生した東日本大震災の影響が大きいだろう。日本を襲った大型地震とその後発生した津波、そして原子力発電所の事故は日本全国を不安に陥れ、様々な面で日本のシステムの脆弱性を明らかにした。行政や既存メディアが拾いきれない多様なニーズが発生する状況下、SNSを通じた支援活動や、支援物資のマッチング、地図を使った情報収集やビジュアライゼーションなど、草の根的な活動が数多く発生したのである。私自身も、sinsai.infoというクラウドソーシングの地図情報サービスの運営に関わることになった。これまで行政がやるものだと思われていた公共サービスを、企業のみならず草の根の技術者たちが手を貸すことでより良いものにしていくという活動を目の当たりにし、技術者としての新たな社会貢献の可能性を感じたのがこの時だ。

　続く2012年にCode for Americaのジェニファー・パルカ氏による「Coding a better government（コーディングでより良い政府を作る）」というTEDトークが公開された[*1]。これに触発された人々がCode for KanazawaやCode for Fukuiといった活動を始める。私がCode for Japanを始めるきっかけもこのTEDトークである。震災時の動きが単なる一過性の情報ボランティアで終わらず、組織的かつ継続的な活動につな

げられたのは、「シビックテック」という概念の発明があったからに他ならない。私はこのTEDトークを見た翌年、ニューヨークで開催されたパーソナル・デモクラシー・フォーラム*²というカンファレンスに参加した。Code for Americaでコミュニティ構築のディレクターをしていたキャサリン・ブレイシー氏に会うためだ。日本でCode for Japanを立ち上げる方法を聞きに行ったのだが、その時の彼女の第一声が"Why not?"であった。「私たちの始めたシビックムーブメントが、海外でどう発展していくか大変興味がある。むしろ日本での活動の内容を今後も教えてほしい」と言ってくれたのだ。

　そして、帰国してすぐに立ち上げに興味のあるメンバーとワークショップを行った時に生まれた言葉が、今のCode for Japanのビジョンにつながる「ともに考え、ともにつくる」だった。当時はオバマ大統領によるオープンガバメント戦略が国際的にも大きなアジェンダとなっており、日本政府もオープンデータ活用を中心とした政策を進める中で、Code for Japanなどのシビックテック団体がいろいろなプロトタイプを作ることにつながっていった。Code for Kanazawaが開発したゴミ出しの日が簡単にわかるスマートフォンサイト「5374.jp*³」や、幼稚園や保育園をウェブ上で探しやすくする「さっぽろ保育園マップ*⁴」など、オープンデータを活用した好事例も生まれてきて、各地での活動は活発化していく。しかし、既に一定の資金源を獲得していたCode for Americaと比べ日本のシビックテックは生まれたばかりで、多くはボランティア活動の延長で、私を含

めほとんどの人がプロボノとしてコミュニティ活動を中心に行っていた。

基盤構築期：2015年〜2019年

　活動初期の技術先行のプロトタイプは、政府に対してモダンテクノロジーやオープンデータの可能性を示す面では有意義ではあったが、持続的な活動にはつながりにくかった。一方、この時期になると、自治体や政府の職員との関係性を築きながら現場の課題を地道に解決していくようなものが増えてきた。2015年頃から、福島県浪江町の避難住民向けタブレットアプリ開発のサポートを始めたほか、自治体のデータ活用研修「データアカデミー」など、行政向けの活動に幅が出始める。また、各地域のCode forコミュニティ（ブリゲードコミュニティ）の中にも、自治体と一緒に活動をし始めるところが増えてきた。本書にも、「テクノロジー救世主コンプレックスからの脱却（P.033）」と記されているように、まさに過小評価された少数派のコミュニティのメンバーとの対話や活動を通じて、誰が味方なのか、誰のサポートをするべきなのかということがわかってきたのである。

　　技術的な意味での新しさを追い求めると、サービスを提供する必要のある多くの利用者の手の届かないところに政府や市民との接点が置かれてしまうかもしれません。何事にも真新しい発想が必要であるという思い込みは、多くの機会を無視することにつながります。（P.070）

　ただし、市民活動に対する民間からの寄付市場が

発達している米国と違い、シビックテックの活動に資金を集めるのは難易度が高い状況であった。そのため、行政の委託事業を受けながら、その利益をコミュニティ活動に回すような形で、日本のシビックテック活動は広がり始めた側面がある。

拡大期：2020年〜2022年

新型コロナウイルス感染症が発生し、社会が徐々に危機感を強め出した頃、私は東日本大震災発生後と同様のもやもや感を感じていた。何か手を動かして貢献できることがないだろうかという焦燥感からだ。社会不安が徐々に増し、SNS上でも真偽不明な情報や政府を非難する声が増えていたが、ただ情報を収集するだけでは一向に不安は解消されなかったのである。しかし、何かに突き動かされるように、日本各地で様々なシビックテックプロジェクトが起こり始めた。私もそのようなプロジェクトに参加したり、自分のプロジェクトを始めたりした。手を動かすことで、不安は解消に向かうのだ。

これは他の国でもそうなのだが、社会的不安の増大とシビックテックの活性度は相関する。この時も多くの国でシビックテックの活動は活発化した。Code for Japanも例外ではない。コロナ禍前は500名程度だったSlackコミュニティの参加者が、1年足らずで4,000名以上になった。30代〜40代の男性に偏っていた参加者属性も改善され、10代、20代や女性のメンバーも急増した。

その牽引役となったフラッグシッププロジェクト

が、東京都の新型コロナウイルス感染症対策サイト
だ。東京都の委託を受けてCode for Japanが開発し
たこのサイトは、データを中心にわかりやすいデザ
インで感染状況を示すことで都民から高評価を受け
た。さらに、東京都の承諾を得て、ソースコードを
GitHubに一般公開したのだ。結果として、300名以
上のコントリビューターから、700以上の改善提案
を受け付けることができた。それだけでなく、この
サイトは80箇所以上にコピーされ、それぞれの地域
で感染症の実態を伝える助けになった。

　このサイトはプロトタイプではなく、何千万人に
対して毎日変わる数字を正確に提供し続けるという
ミッションクリティカルなものであった。初期のバ
ージョンは東京都の依頼を受けてからわずか4日程
度でリリースされたが、その後毎日改善されていき
ながら情報を届け続けた。このようなことができた
のは我々がイノベーティブだったからではなく、東
京都の職員が日々情報を集め、加工し、機械可読性
の高いデータとして公開してくれたからである。も
ちろん、優れたユーザーインターフェースや、共同
作業がしやすく安定的なアーキテクチャといった技
術的要素といった部分も必要ではあったが、毎日献
身的に情報を掲載し続けた職員や、その職員が入力
しやすい入力フォーマットを整えた職員や、GitHub
での公開にGoサインを出した幹部のどれ一つでも欠
ければ実現はできなかった。

　東京都の職員との信頼関係が事前に結べていなけ
れば、このようなプロジェクトにGoサインは出なか

っただろう。自分たちがやりたいことをやるだけでなく、「彼らのニーズに常に気を配ってくれる信頼できるパートナーであることを示す（P.168）」ことが結果につながったのだ。その後、東京都ではオープンソースソフトウェアの重要性を理解し、オープンソースソフトウェアの公開ガイドライン*5を公開することになった。

　一方で、政府の方もデジタルトランスフォーメーションの必要性を痛感し、デジタル政策の司令塔となるべく、デジタル庁が発足することになった。GovTech市場も立ち上がりつつあり、行政のDXを後押しするスタートアップも増えてきている。情報化計画にシビックテックの言葉が入っている自治体も見かけるようになってきた。Code for Japanとしては、デジタルの市民エンゲージメントツールであるDecidim*6を自治体に提供したり、市民参画型のまちづくりプロジェクトであるMake our City*7をはじめいくつかの自治体に提供したり、若者向けのシビックテックチャレンジなどの自社事業を増やしていっている。

今後の展望

　2011年には言葉さえもなかったが、ここ10年で、シビックテックを取り巻く状況は様変わりした。米国ほどではないものの、シビックテックは一般的な言葉になりつつある。ただし、本書に書かれているような様々な制約や課題は日本でも根深く残っている。日本政府もアメリカ合衆国連邦政府同様「それ

はとても複雑」(P.018) であり、銀の弾丸はないのだ。

　本書で示された、階層構造、意思決定や調達の複雑さ、データの不足、古いツール、慣習、専門用語、資金不足、世間の監視の厳しさといった問題は、日本でも変わらず存在する。引き続き我々は、それぞれの持ち場で頑張りながら信頼を獲得し、仲間を増やしていくしかないのだろう。

　本書に書かれているように、シビックテックを政治的行為として見た場合、日本人は欧米に比べると政治への参画意識が低いと言われることがある。私自身、政治とは一線を引いてきた自覚がある。しかし、今日本には90以上のブリゲードがあり、これは米国を除いた他国と比べればかなり多い。地域で助け合う文化というのも色濃く残っているし、1,700以上もの自治体があり、それぞれの自治体に一定の強い裁量権があるというのもユニークだ。「政治」と言われると少し身構えてしまうが、地域で助け合うことならば日本も劣ってはいない。

　国が一つの方向に導くのではなく、ボトムアップで地域ごとの自治が行われ、それぞれの地域での豊かさや暮らしやすさを追求しつつも、アーキテクチャレベルではオープンにつながりながらクラウドやオープンソースの効果を享受する、そのようなネットワークができると良いのではないだろうか。これまで縦割りだった行政の垣根を超えてつながりを作ることは、シビックテックの得意とすることである。

そのためには、本書に書かれているように、イノベーションを過大評価せず、現場で活動している人たちを過小評価せず、パートナーシップの強化を意識し、小さな成功を通じて信頼を獲得することが必要だろう。コロナ禍以降、Code for Japanでは10代や20代に向けてのデジタルシチズンシップ教育や、自治体に対する市民参画ツールの提供などを積極的に進めている。参画の機会や楽しさ、自分たちの意見で行政が変わる体験を提供していくことで、次の世代では日々の政治への参画が特別なものではない状態にしたいと考えるからだ[*8]。現役世代である我々が、「ともにつくる」ことを楽しんでいれば、きっと世の中は変わっていくと信じている。

You are not alone

　You are not aloneとは、「cultivate the karass（〈カラース〉を育てよう）」(P.184) と同じく、グローバルのシビックテック仲間の中でよく出てくるジャーゴン（専門用語）である。シビックテックの活動を続けていると、厳しい局面にぶつかる時もある。誰からも理解されず、板挟みにあうこともあるし、頑張って出したアウトプットが誰からも注目されないなんてこともある。しかし、あなたは一人ではないのだ。その課題に向き合っているのは我々だけでもない。行政の中にも市民の中にも様々なバックグラウンドを持った人たちがいて、それぞれ今の政治がうまくいくように取り組んでいるのである。そう、「私たちは仲間 (P.186)」なのだ。

2013年に産声を上げたCode for Japanは、本書に倣うならば、これから青年期に入ろうというところだろうか。まだまだこれからである。随所に書かれているように、シビックテックというのは、物事を変革させていくための長い長い道のりである。シドが示すように、50年という時間軸を戦い続けることは一人ではできない。私自身、Code for Americaや台湾のg0v（gov zero／零時政府*9）、Code for Korea、Code for Australiaなど、各国のシビックテックコミュニティとのつながりは、活動をしていく上での大きな励みになった。変革の旅には、多くの仲間が必要なのだ。

　本書を読んでみて、いかがだったろうか。思ったよりも大変だと感じた人もいると思う。本書に書かれていることは、本質的な変化を生むためには間違いなく重要なことだ。しかし、すべてをあなた一人でやる必要はない。最初はボランタリーな活動からでもよいのだ。もし何か活動をしてみたいと思ったら、ぜひ近くのブリゲードを調べてみてほしい。Code for JapanのSlackに参加するのもよいだろう。シビックテックコミュニティ以外にも、行政やNPOなどの選択肢もある。大事なのは、ともに歩んでくれるパートナーを見つけることだ。ぜひ、シビックテックの旅を楽しんでほしい。もちろん、燃え尽きないよう休息もはさみながら。

　では、良い旅を。Happy Civic Hacking！

日本のブリゲード一覧（→ブリゲードネットワーク参加団体）
https://www.code4japan.org/brigade

Code for Japan Slack（コミュニティ）
https://www.code4japan.org/activity/community

参考資料

シビックテックの歩き方（ガイド）
https://medium.com/code-for-japan/シビックテックの歩き方-ガイド-d05b78c46d2d

シビックテックに参加する10の方法
https://note.com/kjinnouchi/n/ne6681ec83da6

Code for All
https://codeforall.org/

CIVIC TECH FIELD GUIDE
https://civictech.guide/

＊1　ジェニファー・パルカ「コーディングでより良い政府を作る」https://digitalcast.jp/v/12281/

＊2　2004年から開始された、市民参画に関するカンファレンス。https://en.everybodywiki.com/Personal_Democracy_Forum

＊3　5374.jp はオープンソースで公開され、様々なシビックテック団体がこれを Fork していった。http://5374.jp/

＊4　Code for Sapporo が開発。現在は更新を停止しているが、10以上の地域に Fork され広がった。https://www.codeforsapporo.org/papamama/

＊5　東京都オープンソース・ソフトウェア公開ガイドライン https://github.com/Tokyo-Metro-Gov/tokyo-oss-guideline/

＊6　バルセロナ生まれの市民エンゲージメントツール https://www.code4japan.org/activity/decidim

＊7　Make our City https://www.code4japan.org/activity/moc

＊8　古くは電子市民会議室などの取り組みなど、デジタルによる市民参画の推進はこれまでも行われてきた。実はまったく新しい課題というわけではないが、コロナ禍によってよりクローズアップされたとも言える。

＊9　g0v は台湾のシビックテックコミュニティ。

ITエンジニアのための
草の根シビックテック入門

高橋征義 Masayoshi Takahashi

株式会社達人出版会代表取締役、一般社団法人
日本 Ruby の会代表理事。Web 制作会社にてプロ
グラマとして勤務する傍ら、2004年にプログラミン
グ言語 Ruby の開発者と利用者を支援する団体、
日本 Ruby の会を設立、現在まで代表を務める。
2010年に IT エンジニア向けの技術系電子書籍の
制作と販売を行う株式会社達人出版会を設立。
著書に『たのしい Ruby』(共著) など。好きな作家は
新井素子。

本稿は、本書『シビックテックをはじめよう』を手にとった方、特にITエンジニアの方に対して、自分もシビックテックをはじめてみようかな？と思っていただくためのものです。

　（本書の文脈では「ITエンジニア」という語からITを取り除いて「エンジニア」と言ってもいいかもしれませんが、市民社会は土木、交通等さまざまな領域の技術者（エンジニア）を無視することができない領域でもあります。そのため、本稿では敬意を込めつつITエンジニアと表記しています。）

　もっとも本書自体がITエンジニアを含めた技術者（technologist）の方を対象として書かれた本です。そのため、屋上屋を架しているのではと言われると否定できないところもあります。

　とはいえ、実際読んでもらえるとわかるかと思うのですが、普通のITエンジニアの方がいきなり本書を実践するのも結構ハードルが高いんでは……？という気もしないではありません。これは、本書が著者Cyd Harrellやその周囲の方々のように、行政組織や公的団体で働いたり、その近くで仕事をしたりすることを想定しているせいもあるかと思います。

　これはこれで必要な業務ですし、また外部からはなかなか実態がつかめないことなので、国や組織形態は違えど貴重な情報源にはなっているかと思えます。また、後で触れる通り、燃え尽き症候群の話（第13章）や「リレーに参加する」（第6章）の話などは、非常に普遍的な内容で、多くの方に知っていただきた

い情報でもあります。

　しかしながら、シビックテックというのはそのような形でしか参加できないものではありません。本書の中でも「第3章　貢献の仕方」の「一歩踏み出す：ボランティアでの協働」でも触れられているように、ボランタリーなコミュニティによる活動にデジタル技術を持ち込んだり、デジタル技術を使うことでこれまでとは異なる形の活動を行うこともシビックテックと言えます。

　本稿のタイトルである「草の根シビックテック」という言葉は、「草の根民主主義（Grassroots democracy）」という言葉を元に先ほど思いついた言葉ですが、本書で紹介されている行政寄りのシビックテックとは少し異なるスタンスを表しているつもりです。初めて参加するのであれば、このようなコミュニティ活動に参加する方がハードルは低そうですし、気軽に参加したり、また様々な都合により参加を取りやめたりするのも気軽にできそうです。

　そこで本稿では、草の根的なシビックテックについて、若干の紹介を試みてみます。

オープンソースとシビックテック

　本書でもオープンソースソフトウェア（OSS）についてはオープンデータと合わせて語られていますが、両者は草の根シビックテックとも深い関係があります。台湾ではg0v（零時政府）というよく知られたシビ

ックテックのコミュニティがあります。その活動指
針であるg0vマニフェスト（ https://g0v.tw/intl/zh-TW/
manifesto/ja/ ）の中でも「私たちは、オープンソースを
尊重します」と宣言されています。

　ここで少し個人的なことを書かせてもらうと、私
がシビックテックに関心を持ったきっかけもg0vと
オープンソースのつながりからです。台湾には
OSDC.twというオープンソースのカンファレンスが
あり、私を含めて日本から参加したり発表したりし
ていた開発者もいました。OSDC.twは2014年を最後
に終了してしまい大変残念だったのですが、そこで
知り合ったclkao、gugod、hcchien、そしてaudreyt
（ことオードリー・タン）といった知る人ぞ知る台湾の
OSS開発者たちが、どうもg0vという団体に関わっ
ており（というかclkaoが創設者であり）、シビックテック
なるものを実践しているらしい……という流れで、シ
ビックテックの存在を知ったのでした。

　オープンソースの開発・運用形態もさまざまあり、
主に企業によって開発されているものもあれば、個
人やコミュニティによって開発されているものもあ
ります。後者の方は、草の根シビックテックのコミ
ュニティと相通じる点も多々あります。シビック
テックのプロダクトも、オープンソースとして公開さ
れることは少なくありません。

　もしシビックテックにITエンジニアとして関わり
たいのであれば、オープンソースを道具として利用
するだけではなく、オープンソースの開発そのもの

にも注目したり、開発コミュニティに参加してみる
ことおすすめしておきます。GitHubでのissueやpull
requestの使いこなし方からコミュニティでの立ち居
振る舞いまで、体験することでそのうち役に立つこ
ともありそうです。

「多様性」と「集団の力関係」

　もっとも、ソフトウェアの開発コミュニティと、草
の根シビックテックのコミュニティとでは異なるこ
ともありそうです。

　本書「第2章　特権を考慮に入れる」に書かれてい
ることにも関わりますが、ITエンジニアであるとい
うことは、シビックテックにおいてはある種の特権
というか、特別な力を持つことはありそうです。普
通に考えて、特に優秀というわけでもない、普通の
レベルのITエンジニアであっても、非テック系のメ
ンバーと比べると技術レベルは文句なく高いはずで
す。たとえばあるプロジェクト内でのメンバーの中
では長年の懸案だったことも、一人のITエンジニア
が現れただけで、一晩で解決したりすることもある
かもしれません。

　一方、シビックテックのコミュニティ内では、実
際にはITエンジニアが少ない場合もめずらしくあり
ません。仕事としてITエンジニアをしている場合、
周囲にも少なからず技術職の人々がいるでしょうし、
非エンジニア職であってもそれなりのITスキルが期
待できます。しかし、シビックテックでは、社会を

よりよくすることには強い興味や知識がある人でも、ITに詳しいとは限らないわけです。つまり、自分がマイノリティになってしまうこともあるのです。

　これはなかなか微妙な立ち位置です。ある意味では多様性が強いられる環境になっており、それは悪いことではないのですが、異文化摩擦というか無用なすれ違いが起きかねません。付け加えると、市民活動の分野では、行動規範やアンチハラスメントポリシーを掲げていない団体やイベントも少なくないようです。その活動を担っているコミュニティが多様性を意識していたとしても、技術的には正しい、適切だと思うことが通らないうえに、ハラスメントを思わせる嫌なあしらいを受けたと感じたとしても、それを適切に解決するプロトコルが整備されていないかもしれません（自分がハラスメントと思われかねない行動をした場合も同様です）。

　しかし、「摩擦」が起こるとしても協力しあう必要があるならどうにかして対処しなければなりません。できることと言っても、相手に対する敬意を忘れず、健全な議論や意見交換を心がけるといった基本的なことになります。時にはお互いの距離感を近づけるために対面でのコミュニケーションも望ましいかもしれません。

　将来的にはこういった問題を防ぐための仕組みが浸透することが期待されますが、現状はまだ過渡期ではないかと思われます。相互理解を深めつつ、問題があっても適切に解決する努力が求められます。

燃え尽き症候群を防ぐために

　ボランタリーな草の根コミュニティでも「燃え尽き症候群」は珍しくありません。あからさまに燃え尽きないにしても、危険な領域まで行ってしまうことは残念ながら少なくないでしょう。

　これには様々な要因がありそうですが、金銭的・人的リソースが足りていない状況で、責任感の強い人や理想の高い人ほど陥りがちです。クオリティの「低さ」、「不十分さ」であることが耐え難いとか、誰かを助けるためについ頑張りすぎてしまったりすることもあります。それが集中すると、少しのきっかけで燃え尽きてしまうことは簡単に起こります。

　そのような場合、「第13章　働くペース、リスク、自己管理」の「燃え尽き症候群の見分け方」にあるように、休息やサポートが必要です。誰かに迷惑をかけるかも……といった心配は不要です。燃え尽きてしまうことの方が、自分に対しても、そして周囲に対してもダメージが大きくなりがちです。業務であれば労働基準法や社内規定などによる客観的な歯止めもありますが、ボランティアの場合はそこが曖昧になります。他のみんなが頑張ってると自分も頑張らないといけないのではと思ってしまうことも危険な罠です。

　燃え尽き耐性は人によって大きく異なります。各人の持っている余力や好奇心や使命感は有限です。そのバランスと在庫量を計りつつ、自分ができる範

囲内で手を出すという原則がおろそかになってしまうと、みんなが不幸になります。

　どんなに社会的な重要なことであっても、あなたの日々の生活よりも重要な仕事はない、という事実は忘れるべきではないでしょう。これは気をつけても気をつけすぎることはありません。

シビックテックの時間感覚

　最後に、シビックテックにおける時間感覚について触れておきます。

　シビックテックの活動は短期間で終わるものもあれば、長期間にわたることもあります。災害など突発的な事象に対する活動は、ものによっては数日で終わってしまうこともあるかもしれません。いつ何が起こるかわからない場合には事前の準備もできません。そして、あるタイミングでは重要な情報であっても、それを過ぎると特に意味のあるものではなくなったりします。

　それとは対照的に、本書「リレーに参加する」(P.093)では数年単位のプロジェクトや50年のプロジェクトについて書かれていますが、市民活動ではそれ以上の長い年月を超えて持続させようとするプロジェクトもあります。シビックテックも同様のはずです。たとえば1000年以上前の文献が残っているこの国で、いま収集しているオープンデータも、そのノウハウと合わせて1000年以上の未来に残したいと思うこと

は不思議ではありません。そのためには、どのような形式が良いのか？　コストをあまりかけずにストレージを維持し続けるにはどういう方法が良いのか？　そういった疑問に対して、適切な回答を考えるために、優れたITエンジニアリングが必要とされるのです。

　営利事業であれば「これの実現には10年から20年かかる」と判明してしまうと、そこで話が終わってしまうかもしれません。しかし公共のためのプロジェクトであれば「20年かかるのであれば20年かければよい」となることもあります。その場合、考えるべきことは「どうすれば20年プロジェクトを継続し続けられるか」になります。企業が長期プロジェクトを行う場合、事業の状況や環境の変化により、たとえ熱心な人が何名かいたとしても途中で方針が変わりプロジェクトを中断してしまうことも散見します。案外個人を中心としたコミュニティの方が継続しやすいこともあるのです。

　こういった時間感覚の違いは、企業ではなく属人的なコミュニティだからこそできることもあります。このような柔軟性も、草の根的な活動の特徴かもしれません。

おわりに

　本書には「シビックテックの仕事のほとんどは「変革の仕事」でもあります」という印象深い言葉があります（「第8章　プロジェクトチームと手法」）。これは組織のレベルだけではなく、プロジェクトに参加する個々

人のレベルにも当てはまることがあります。企業で
ITと関わっていた方が、普段の業務などとは異なる
世界を知り、そこでITの力を発揮させる体験をする
ことは、その人のITスキルにおいても、またあなた
のこれからの仕事との関わり方についても、大きく
変わる転機となるかもしれません。

　シビックテックはそれを利用する誰かの人生を変
えうるものであると同時に、シビックテックに携わ
るあなた自身の人生を変えうるものです。本書はあ
なたがシビックテックをはじめるきっかけになるか
もしれません。そんなあなたの成果を日々の生活で
使うことになるかもしれない多くの方々の、そして
その一助となったあなたの人生が善きものとなるよ
う祈っています。

| 訳者プロフィール

安藤幸央 あんどう ゆきお

北海道札幌生まれ。UXデザイナー、UXライター、UXリサーチャー、デザインスプリントマスター。UX全般、コンピュータグラフィックス、情報アーキテクチャを専門とする。主な著訳書に『今日からはじめる情報設計 ―センスメイキングするための7ステップ』翻訳(BNN)、『UX戦略 ―ユーザー体験から考えるプロダクト作り』『デザインスプリント ―プロダクトを成功に導く短期集中実践ガイド』監訳(オライリー)、『音声UX ―ことばをデザインするための111の法則』(技術評論社)など多数。本に埋もれて暮らしています。

| 監修者プロフィール

岩嵜博論 いわさき ひろのり

武蔵野美術大学クリエイティブイノベーション学科教授。ストラテジックデザインを専門として研究・教育活動に従事しながら、ビジネスデザイナーとしての実務を行っている。著書に『機会発見―生活者起点で市場をつくる』(英治出版)、『パーパス「意義化」する経済とその先』(共著、NewsPicksパブリッシング)、監訳書に『PUBLIC DIGITAL ―巨大な官僚制組織をシンプルで機敏なデジタル組織に変えるには』(英治出版)など。博士(経営科学)。

| 著者について

シド・ハレル（Cyd Harrell）はUXリサーチャー／プロダクトマネージャー。2010年代初めのハッカソンをきっかけにシビックテックに夢中になりました。 2012年に所属していた会社がFacebookに買収されたのをきっかけに、公共サービスの仕事にキャリアを投じることを選択しました。そして、米国の市、郡、連邦、州の各機関が、有権者にサービスを提供するためにテクノロジーの力を活用するのを支援してきました。これまでに、独立系企業、Center for Civic Design、Code for America、18Fなどと協働してきました。長年にわたりこの分野の多くの人々のメンターであり指導者でもあり、18Fの最初のチーフを務めたことを誇りに思っています。彼女は、インクルーシブで、誰よりも有能で、協調的なシビックテック運動の実現に尽力しています。現在は夫と娘と一緒にサンフランシスコで暮らしています。彼女のアカウントはTwitterで簡単に見つけることができ（@cydharrell）、シビックテック関係者とやりとりすることをいつも喜んでいます。

https://cydharrell.com

シビックテックをはじめよう
米国の現場から学ぶ、
エンジニア／デザイナーが行政組織と協働するための実践ガイド

2022年12月15日　初版第1刷発行

著者：シド・ハレル

翻訳：安藤幸央

監修：岩嵜博論

発行人：上原哲郎

発行所：株式会社ビー・エヌ・エヌ
　　　　〒150-0022
　　　　東京都渋谷区恵比寿南一丁目20番6号
　　　　Fax：03-5725-1511
　　　　E-mail：info@bnn.co.jp
　　　　www.bnn.co.jp

印刷・製本：シナノ印刷株式会社

版権コーディネート：須鼻美緒

日本語版デザイン：岡部正裕（voids）

日本語版編集：村田純一

Printed in Japan

ISBN 978-4-8025-1257-2